MESSEL

EIN POMPEJI DER PALÄONTOLOGIE

thorbecke
SPECIES 2

MESSEL

EIN POMPEJI DER PALÄONTOLOGIE

Herausgegeben von
Wighart v. Koenigswald und Gerhard Storch

Bildbearbeitung Jörg Habersetzer

Mit Beiträgen von
Sven Baszio, Jens Lorenz Franzen, Eberhard Frey, Kurt Goth,
Jörg Habersetzer, Franz-Jürgen Harms, Angelika Hesse,
Thomas Keller, Wighart v. Koenigswald, Karin Liebig,
Herbert Lutz, Thomas Martin, Gerald Mayr, Norbert Micklich,
Michael Morlo, Dieter Stefan Peters, Siegfried Rietschel,
Gotthard Richter, Zbyněk Roček, Stephan Schaal,
Friedemann Schaarschmidt, Gerhard Storch, Gert Tröster,
Volker Wilde, Michael Wuttke

Jan Thorbecke Verlag

Messel · Ein Pompeji der Paläontologie
Herausgegeben von Wighart v. Koenigswald und Gerhard Storch
Bildbearbeitung Jörg Habersetzer
Mit Beiträgen von Sven Baszio, Jens Lorenz Franzen, Eberhard Frey, Kurt Goth, Jörg Habersetzer, Franz-Jürgen Harms,
Angelika Hesse, Thomas Keller, Wighart v. Koenigswald, Karin Liebig, Herbert Lutz, Thomas Martin, Gerald Mayr,
Norbert Micklich, Michael Morlo, Dieter Stefan Peters, Siegfried Rietschel, Gotthard Richter, Zbyněk Roček,
Stephan Schaal, Friedemann Schaarschmidt, Gerhard Storch, Gert Tröster, Volker Wilde, Michael Wuttke

thorbecke SPECIES Band 2

Die Deutsche Bibliothek – CIP-Einheitsaufnahme
Messel: Ein Pompeji der Paläontologie / Wighart v. Koenigswald; Gerhard Storch, Hrsg. – Sigmaringen: Thorbecke, 1998
(Thorbecke SPECIES; 2) ISBN 3-7995-9083-8

Dieses Buch ist aus säurefreiem und alterungsbeständigem Papier hergestellt.

Herstellung und Gestaltung: Norbert Brey, Sigmaringen
Umschlaggestaltung: NeufferDesign®, Freiburg i. Br.
Satz: Jan Thorbecke Verlag, Sigmaringen
Druck: Konkordia, Bühl
Buchbinderei: Hollmann, Darmstadt

Printed in Germany
ISBN 3-7995-9083-8

GRUSSWORTE

Die Grube Messel und die aus ihr geborgenen Fossilien haben schon seit Jahrzehnten die Phantasie, die Entdeckerfreude und die wissenschaftliche Neugier vieler geweckt. Dies bewirkt nicht zuletzt ihre große Anschaulichkeit, ihr einmalig guter Erhalt.

Ich begrüße deshalb sehr, daß mit dem hier vorliegenden Buch gerade dieser Aspekt – die hohe optische Qualität der eozänen Pflanzen- und Tierfunde aus Messel – in den Vordergrund gestellt wird. Ich bin mir sicher, daß dadurch viele neue Interessierte für dieses Naturerbe der Welt gewonnen werden.

Aufmerksamkeit ist der Grube Messel und ihren Fossilien oft zuteil geworden. Höhepunkt war 1995 die Anerkennung Messels als bisher einzigem Naturerbe der Menschheit in Deutschland durch die UNESCO. Damit wurde die Grube Messel als Zeugnis des Lebens einer Zeit, in der die Säugetiere zur dominierenden Lebensform wurden, weltweit in ihrer Einzigartigkeit dokumentiert.

Entdecken auch Sie mit diesem Buch die fast 50 Millionen Jahre alten Bewohner eines tropischen Regenwaldes, die Ihnen in einer Farbenpracht, Formschönheit und -vielfalt entgegentreten, die Lust auf mehr macht. Dafür stehen die Museen in Darmstadt, Frankfurt, Messel sowie an anderen Orten bereit, und vor Ort können Sie von einer Plattform aus einen Blick direkt in die Fundstätte selbst werfen.

Ich wünsche Ihnen viel Freude beim Blättern und Lesen in diesem Buch und auch bei Ihrem Besuch an der berühmten Fundstelle oder im Museum.

Dr. Christine Hohmann-Dennhart
Hessische Ministerin für Wissenschaft und Kunst

UNITED NATIONS EDUCATIONAL, SCIENTIFIC AND CULTURAL ORGANIZATION

CONVENTION CONCERNING THE PROTECTION OF THE WORLD CULTURAL AND NATURAL HERITAGE

The World Heritage Committee has inscribed

the Messel Pit Fossil Site

on the World Heritage List

Inscription on this List confirms the exceptional and universal value of a cultural or natural site which requires protection for the benefit of all humanity

DATE OF INSCRIPTION
9 December 1995

DIRECTOR-GENERAL OF UNESCO

Die Welterbekonvention der UNESCO, der Organisation der Vereinten Nationen für Bildung, Wissenschaft und Kultur, besteht im Jahr 1997 ein Vierteljahrhundert. Anlaß genug für die Mitgliedstaaten, auf die Wirksamkeit des von ihnen geschaffenen Rechtsinstruments zurückzublicken. In diesem Zeitraum ist aus der Welterbeidee eines der erfolgreichsten und beliebtesten Programme der UNESCO geworden.

Nach jahrzehntelangem Kampf um den Erhalt der bedeutenden Fossilienlagerstätte Grube Messel, an dem sich auch die Deutsche UNESCO-Kommission beteiligt hatte, wurde deren einzigartige Bedeutung für die Dokumentation der Geschichte des Lebens auf der Erde weltweit anerkannt. Die UNESCO hat ein Zeichen gesetzt für den Willen, Zeugnisse von unschätzbarem wissenschaftlichen Wert zu erhalten und zu erschließen.

Mit der Aufnahme im Dezember 1995 in die Welterbeliste der UNESCO wurde Messel zugleich in die Reihe des Erbes der Menschheit aufgenommen, dessen Erhaltung zum Anliegen nicht nur von Fachkreisen, sondern der Weltgemeinschaft geworden ist. Oft wird übersehen, daß die Verleihung des Siegels »Welterbe« nicht nur ein prestigeträchtiger Akt ist, an dem insbe-

sondere die Fremdenverkehrsindustrie interessiert ist. Mit dem Antrag an das Welterbekomitee der UNESCO hat sich die Bundesrepublik Deutschland – Bund, Länder und Gemeinden – verpflichtet, die Grube Messel im Interesse der internationalen Gemeinschaft zu erhalten und Besuchern wie Forschern zugänglich zu machen.

Die Grube Messel ist in der Kette der derzeit 506 Natur- und Kulturerbestätten in aller Welt ein wichtiges Glied. Sie gibt der lebenden wie auch künftigen Generationen einen nachhaltigen Einblick in die Vielfalt der Tierwelt längst vergangener erdgeschichtlicher Perioden. Die Funde von Messel sind sichtbare Wegmarken für die Entwicklung von Natur und Kultur. Das Leben des Menschen läßt sich durch sie einordnen in die großen Evolutionszusammenhänge. Mit dem Urpferdchen von Messel hat ein breiter, weltweiter Erkenntnisprozeß über die Vorgänge vor 50 Millionen Jahren begonnen. Jetzt erfahren viele Menschen etwas über Dimensionen und Formen des Lebens, deren Kenntnis bislang wenigen vorbehalten war. In diesem Prozeß ist den Wissenschaftlern weiter Finderglück und Erfolg in der Erschließung des unermeßlichen Reichtums der Grube Messel zu wünschen.

Dr. Traugott Schöfthaler
Generalsekretär der Deutschen UNESCO-Kommission

Das antike Pompeji ist nicht deshalb im Bewußtsein der Menschheit befestigt, weil wir in der zu großen Teilen ausgegrabenen Stadt dem Alltag des frühkaiserzeitlichen Stadtlebens im römischen Reich begegnen, sondern weil das in großer Vielfalt dokumentierte öffentliche und private Leben der Stadt durch den Ausbruch des Vesuv am 24. August des Jahres 79 nach Christus ausgelöscht wurde. Daß das Brot noch in den Öfen der Bäcker liegt, daß die Graffiti von Gladiatorenkämpfen und Wahlkampagnen, von Kinderspielen und von öffentlichen Liebesbekenntnissen, auch von der Popularität Vergils erzählen, daß aber dann innerhalb weniger Stunden Kampf und Spiel, Kunst und Religion, Glück und Angst, Politik und Handel, Flucht und Rettung gleichsam im Flug unter der Asche des Vesuv erstarrten, das hat Pompeji zum menschheitlichen Symbol des von Katastrophen bedrohten irdischen Glücks gemacht. »Katastrophen kennt allein der Mensch, sofern er sie überlebt; die Natur kennt keine Katastrophen« (Max Frisch). Die Natur kennt aber das immer gleich gültige Gesetz der Evolution, durch das in Jahrmillionen gewaltige Veränderungen geschehen, bis auch der »blaue Planet« nur noch ein ausgeglühter Stern in der Unendlichkeit der Galaxien sein wird.

Die Grube Messel, seit 1995 in der »World Heritage List« der UNESCO verzeichnet, enthält einen schier unerschöpflichen Reichtum fossilierter Pflanzen und Tiere, ein Archiv der Evolution. In Thanatozönosen liegen ungezählte Pflanzen und Tiere im steinernen Grab dicht beieinander, und wenige Dezimeter des Ölschiefers bedeuten dort einen Zeitensprung von 1000 Jahren. In dieser Grube öffnet sich ein Fenster gleichsam in den Beginn des sechsten Schöpfungstages,

in die Zeit vor 49 Millionen Jahren. Europa war eine Inselwelt, mehr als zehn Breitengrade südlicher als heute gelegen, so daß Messel etwa auf der geographischen Breite des heutigen Neapel zu denken ist. In Grönland gab es Krokodile und Palmen, die Antarktis war von dichten Wäldern bewachsen, die großen europäischen Faltengebirge, die Alpen, die Pyrenäen, die Karpaten gab es noch nicht. In der Umgebung des Messeler Sees, inmitten der europäischen Inselwelt, wuchsen Pflanzen und Wälder, wie sie heute den Äquator säumen, aus dem See stiegen giftige vulkanische Dämpfe, tödlich für die an seiner Oberfläche jagenden Fledermäuse.

In die Zeit vor der Erscheinung des Menschen auf der Erde blicken wir durch das Fenster von Messel, nur wenige Primatenfunde wurden gemacht, aber zahllose Funde von Wirbel- und Säugetieren verweisen auf die Zeit vor dem Auftreten der Hominiden. Die Umwelt dieser Tiere, ihre Skelett- und Körperformen, ihre Nahrungskette können an den Versteinerungen abgelesen werden, doch eröffnet die Grube Messel auch einen Spiegelblick in die Zukunft der Erde. Denn die Klimaschwankungen, die Wanderung der Kontinente und der Ozeane, Faltung und Erosion der Gebirge, das Sterben der Arten und ihre Anpassung an die sich ändernden Naturbedingungen sind unverändert im Gange. Was Pompeji im Bewußtsein der Menschheit für die zerbrechliche Geschichte des Glücks bedeutet, könnte Messel für die Geschichte der Erde sein: ein für alle lesbares Archiv jenes von Adalbert Stifter so genannten sanften Gesetzes der Evolution, das auch Werden und Vergehen des Menschen bestimmt und damit das Gesetz derer ist, die an der Kette des Menschseins hängen.

Prof. Dr. Wolfgang Frühwald
Präsident der Deutschen Forschungsgemeinschaft

7

Die Paläontologie ist eine historische Naturwissenschaft. Die Geschichte des Lebens auf der Erde entschlüsselt diese Disziplin mit den Fossilien, die gleichsam Urkunden eines einmaligen, nicht wiederholbaren und unumkehrbaren Vorganges, nämlich der Evolution, sind. Im Laufe dieser Evolution hat die Natur über geologische Zeiträume hinweg unzählige Experimente mit der Aufgabe gemacht, möglichst viele Formen von Organismen unter den verschiedensten Bedingungen lebensfähig werden zu lassen.

Die Fossilien aus der Grube Messel sind ganz hervorragende Urkunden aus der Zeit vor etwa 49 Millionen Jahren. Die wissenschaftliche Auswertung dieser Urkunden geht aber in Details, die dem Laien ohne Kenntnis der Zusammenhänge oft unverständlich bleiben. Eine Übertragung wissenschaftlicher Ergebnisse in einer leichter verständlichen, der Öffentlichkeit zugänglichen Form hat im deutschen Sprachraum wenig Tradition, birgt aber, wenn sie durch Dritte erfolgt, die Gefahren von – manchmal gravierenden – Verfälschungen.

In diesem Buch haben die Wissenschaftler selbst versucht, an ausgewählten Beispielen die ungeheure Aussagekraft der Fossilien aus der Grube Messel darzustellen. Dabei werden weitreichende Interpretationen zu Evolution, Lebensbedingungen, Klima und Kontinentalverschiebungen gegeben, die aber naturwissenschaftlicher Tradition entsprechen und weitab von Spekulationen liegen.

Mit der Darstellung der Schönheit der Fossilien und ihrer Ausage über das Leben im und am See von Messel statten die Wissenschaftler gleichzeitig den Dank an die Öffentlichkeit ab, die erhebliche Mittel dafür aufwendet, damit eine derartig faszinierende Grundlagenforschung ermöglicht wird und ihre Quellen, die Fossilien und ihre Fundorte, bewahrt werden können.

Als Direktor des Forschungsinstitutes Senckenberg, dem seit 1992 der Betrieb der Grube Messel übertragen worden ist, danke ich den Herausgebern und Autoren für ihren Einsatz und wünsche dem Buch eine große Resonanz, weil das Wissen um die Vergangenheit und das Erkennen der Zusammenhänge in der Natur unser Leben bereichert.

Prof. Dr. Friedrich F. Steininger
Direktor des Forschungsinstituts und
Naturmuseums Senckenberg

Inhalt

DER RAHMEN

In Deutschland ist die Grube Messel bisher das einzige Naturdenkmal, dessen Bedeutung so hoch eingeschätzt wird, daß es zum Weltnaturerbe erklärt worden ist. Die Besonderheit dieser Fossillagerstätte beruht in der vorzüglichen Erhaltung von Fossilien mit sehr hohem Informationsgehalt und großem ästhetischem Reiz. Sie stammen aus dem Alttertiär und sind knapp 50 Millionen Jahre alt. In der Paläontologie besitzt das Alter keinen Eigenwert, sondern es gibt Hinweise, wie geschichtliche Zusammenhänge miteinander in Beziehung zu setzen sind. Diese Zeitspanne ist für das Evolutionsgeschehen von besonderem Interesse, weil sich gerade hier die Familien der modernen Säugetiere herausbildeten. Der ungeheure Informationsreichtum der Fossilien von Messel geht weit über den Nachweis von bestimmten Arten hinaus. Besonderheiten im Körperbau zeigen die Lebensweise an; Mageninhalte lassen Nahrungsketten erkennen; und sogar über die Fortpflanzungsstrategien geben einige Fossilien Auskunft. So gewinnen wir Einblick in die Zusammenhänge von längst vergangenen Lebensgemeinschaften und verstehen die heutigen Gegebenheiten weit besser.

Vom Bergwerk zum Denkmal der »World Heritage List«

Es bedarf einer Erklärung, warum die Grube Messel, heute als Weltkulturerbe gefeiert, noch vor 15 Jahren als Mülldeponie verschüttet werden sollte. Ohne die vielen Details dieses dramatischen Ringens aufzuzählen und Akteure zu nennen, sollen hier die Grundzüge nachgezeichnet werden. Die Grube Messel ist ein alter Tagebau für Ölschiefer, der nach dem Bergrecht zu rekultivieren war, als der Bergbau eingestellt wurde. Bereits während der Bergbauzeit wurden viele Fossilien im Ölschiefer von Messel gefunden, aber wegen großer Schwierigkeiten bei der Präparation blieb der wahre Informationsgehalt dieser Funde verborgen. Gegen Ende der Bergbauzeit kamen neue Präparationsmethoden auf, die langsam erahnen ließen, welche Schätze der Ölschiefer birgt.

Für die Rekultivierung des ehemaligen Tagebaus bot sich die Errichtung einer Mülldeponie zunächst geradezu an. Dagegen formierte sich jedoch vehementer Protest einer Bürgerinitiative aus dem nahen Dorf Messel. Während der sich über Jahre hinziehenden Planung und des anschließenden Streites vor Gerichten wurden von den Museen immer neue Funde in der Grube Messel ergraben und vor allem wissenschaftlich bearbeitet. Dadurch war es möglich, die ungewöhnliche Aussagekraft dieser Fossilien allgemein bekannt zu machen. Nach jahrelangem Ringen, bei dem die Bürgerinitiative zähen Widerstand leistete, wurde der Plan zur Errichtung der Mülldeponie aufgegeben, obwohl schon wesentliche bauliche Vorbereitungen getroffen worden waren. Ein wesentlicher Grund für den Sinneswandel war die inzwischen immer bekannter gewordene Einmaligkeit der Fossillagerstätte. Das entschiedene Engagement vieler bedeutender Paläontologen aus dem Ausland machte die weltweite Bedeutung dieser Fossillagerstätte überzeugend deutlich und trug dazu bei, in dieser dramatischen Auseinandersetzung, die weitgehend lokale Aspekte verfolgte, auch übergeordnete Argumente in den richtigen Dimensionen zu sehen.

Das Land Hessen übernahm mit einem hohen finanziellen Aufwand das Gelände und stellte es der Wissenschaft zur Verfügung. Gleichzeitig wurde die Grube Messel als Denkmal geschützt, damit die Fossillagerstätte als Forschungsgegenstand zukünftigen Generationen erhalten blieb. Das Forschungsinstitut Senckenberg erhielt den Auftrag, die Forschung und Grabungen zu koordinieren.

Nachdem die verschiedenen Bestrebungen, dieses höchst bedeutende Naturdenkmal unter angemessenen Schutz zu stellen, immer wieder aus politischen Gründen hintertrieben worden waren, stellte die Hessische Regierung 1994 den Antrag, diese Fossillagerstätte in die »World Heritage List« der UNESCO aufnehmen zu lassen. Damit ist diese Fundstelle in einer Weise geschützt, die es zugleich erlaubt, die Forschung mit behutsamen Grabungen weiter zu betreiben. Das ist keineswegs selbstverständlich, denn ein absoluter Schutz verbietet Grabungen, die ja stets eine Teilzerstörung bedeuten. Das Ziel der

Grabungen ist aber nicht die Bergung von immer mehr Fossilien, sondern die Erweiterung unserer Kenntnisse durch gezielte Fragestellungen, unter anderem zur Genese der Fundstelle und der Rekonstruktion des Ökosystems.

Die Fossillagerstätte

In dem Gestein der geologisch weit älteren Umgebung ist südlich von Frankfurt eine Vertiefung entstanden, die den ehemaligen See von Messel aufgenommen hat.

Die Wissenschaftler diskutieren zur Zeit zwei Hypothesen, wie diese Vertiefung entstanden sein könnte: Als eine Möglichkeit zieht man einen lokalen Graben in Betracht, das heißt, daß eine kleine Scholle in die Tiefe abgesunken ist. In kleinem Maßstab entspricht dieses Modell dem Oberrheingraben, der eine großräumige Absenkung zwischen Basel und Frankfurt darstellt. Die zweite Hypothese geht von einem Vulkankrater aus, dessen Ränder nachgebrochen sind und so eine große Hohlform gebildet haben. Vulkanismus gab es im Alttertiär im Odenwald. Im Ölschiefer zeugen dünne Aschenlagen von aktivem Vulkanismus zur Zeit des Messeler Sees.

Der See, der diese Hohlform füllte, war sehr tief, wie sich aus den Ablagerungen und der Erhaltung der Fossilien ablesen läßt. In dem See lebten - zumindest zeitweise - Fische, Schildkröten und sogar Krokodile. Erstaunlicherweise fehlten die Wasserinsekten fast ganz, was nur mit einer eingeschränkten Qualität des oberflächennahen Wassers zu begründen ist. In der Tiefe war das Wasser durchgehend frei von Sauerstoff und damit sogar lebensfeindlich. Daraus resultiert die hervorragende Erhaltung der tierischen und pflanzlichen Fossilien. Nicht nur im See lebende Tiere sind überliefert, sondern zahlreiche Pflanzen und Tiere gelangten aus dem Umland in den See und sind dort eingebettet worden. Die Vegetation des Umlandes bestand aus einem üppigen Urwald mit zahlreichen Palmen und Lorbeergewächsen. Das Vorkommen von Palmen und insbesondere von Krokodilen zeigt, daß zu dieser Zeit ein warmes, annähernd subtropisches Klima geherrscht hat.

Wie lange der See von Messel bestanden hat, ist schwer zu sagen, aber es dürfte sich um einen Langzeitsee gehandelt haben, der für mehrere Zehntausende oder gar Hunderttausende von Jahren existiert hat. Von der gesamten Seegeschichte wird nur der jüngere Teil durch die im Tagebau zugänglichen Sedimente repräsentiert. Im geologischen Zeitmaßstab ist dieser Abschnitt nur ein Augenblick. Er ist zumindest so kurz, daß bei den Fossilien für diesen Zeitraum keine evolutiven Veränderungen zu beobachten sind.

Das Alter des Ölschiefers von Messel ergibt sich am genauesten aus dem Evolutionsstand der Säugetiere. Hier sind die frühen Pferde und Nagetiere besonders aussagekräftig. Demnach gehört die Messel-Formation innerhalb des Alttertiärs in das mittlere Eozän. Der Evolution der Pferde zufolge sind die Ablagerungen etwas älter als die Hauptfundschicht der Braunkohlen des Geiseltals bei Halle, in denen ebenfalls viele Fossilien gefunden wurden. Radiometrische Altersbestimmungen, die ein Alter in Jahreszahlen erbringen würden, konnten in Messel nicht durchgeführt werden, da keine geeigneten Minerale vorhanden sind. Aber aufgrund der Evolutionshöhe der Pferde und anderer Säugetiere ist eine recht sichere Korrelation bis nach Nordamerika möglich. Altersbestimmungen, die dort in entsprechenden Horizonten durchgeführt wurden, ergaben ein Alter von 48 bis 50 Millionen Jahren.

Obwohl man die ersten Fossilien schon 1875 entdeckt hatte, bereitete die Präparation so große Probleme, daß sie kaum für Sammlungen attraktiv waren. Mit dem Austrocknen des Ölschiefers zerfielen nämlich auch die darin enthaltenen Fossilien. Erst die Entwicklung geeigneter Transfermethoden erlaubte es, kurz vor dem Ende der Bergbauzeit, die Fossilien auf eine künstliche Matrix zu übertragen. Mit diesen Methoden, unter denen sich die Übertragung auf Kunstharzplatten durchsetzte, war erstmals die Konservierung von Wirbeltierskeletten möglich, die eine Voraussetzung zu deren wissenschaftlicher Bearbeitung war. Nach der Beschreibung von wenigen Einzelstücken über viele Jahrzehnte setzte in den siebziger und besonders den achtziger Jahren eine Flut von Bearbeitungen spektakulärer Wirbeltierfunde ein. Sie trug wesentlich dazu bei, daß die Bedeutung der Fossillagerstätte weltweit anerkannt wurde. Seit die Grube unter Schutz steht und die Grabungen ohne den Druck einer drohenden Verfüllung mit Müll erfolgen können, wendet man sich verstärkt Fragen der Ablagerungsbedingungen und der Entstehung der Fossillagerstätte zu. Hierfür müssen auch die weniger aufsehenerregenden Tier- und Pflanzengruppen eingehend untersucht werden.

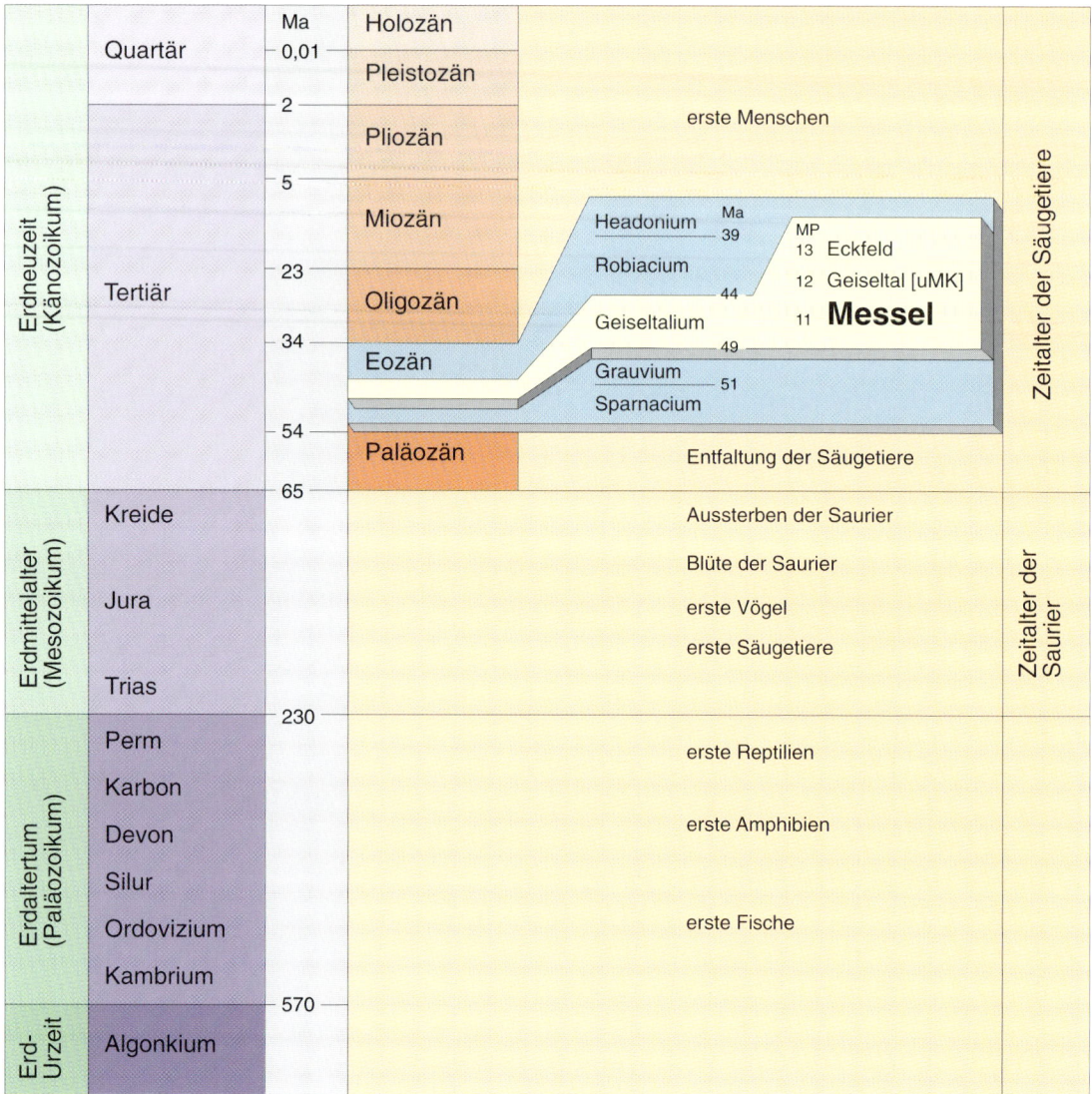

			Ma				
Erdneuzeit (Känozoikum)	Quartär	Holozän	0,01	erste Menschen			Zeitalter der Säugetiere
		Pleistozän	2				
	Tertiär	Pliozän	5				
		Miozän		Headonium	Ma 39	MP 13 Eckfeld	
			23	Robiacium	44	12 Geiseltal [uMK]	
		Oligozän	34	Geiseltalium	49	11 **Messel**	
		Eozän		Grauvium	51		
			54	Sparnacium			
		Paläozän	65	Entfaltung der Säugetiere			
Erdmittelalter (Mesozoikum)	Kreide			Aussterben der Saurier			Zeitalter der Saurier
	Jura			Blüte der Saurier			
				erste Vögel			
	Trias			erste Säugetiere			
			230				
Erdaltertum (Paläozoikum)	Perm			erste Reptilien			
	Karbon						
	Devon			erste Amphibien			
	Silur						
	Ordovizium			erste Fische			
	Kambrium						
			570				
Erd-Urzeit	Algonkium						

Die zeitliche Stellung von Messel im Rahmen der Erdgeschichte.

Das Buch

Die Autoren dieses Buches sind alle Fachwissenschaftler, die über viele Jahre hinweg die Fauna und Flora von Messel bearbeitet und meist einschlägig darüber in Fachzeitschriften publiziert haben. Mit diesem Buch verfolgen sie zwei völlig unterschiedliche Ziele, die von der üblichen wissenschaftlichen Arbeit stark abweichen. Zum einen sollen die Fossilien in ihrer Schönheit durch große Fotos zur Geltung kommen. Die einmalige Erhaltung im Ölschiefer von Messel hat Feinheiten von großem ästhetischem Wert überliefert. Die Säugetiere sind in einer entspannten Haltung - wie im Schlaf - eingebettet. Dieser Umstand beruht auf der nüchternen Tatsache, daß es sich weitgehend um Wasserleichen handelt, die meist in dieser Haltung konserviert werden, weil sich die Muskeln nicht verkürzen. Als Wissenschaftler wollen die Autoren zum zweiten auch etwas von der faszinierenden Fülle an Informationen, die diese Fossilien bieten, dem interessierten Laien mitteilen. Deswegen sind den Bildern kurze Erläuterungen beigegeben, die den einen oder anderen Aspekt ansprechen, aber bei weitem nicht die volle wissenschaftliche Relevanz ausleuchten können. Um hier etwas weiter zu helfen, findet der Leser Quellenhinweise zur Fachliteratur neben dem Text. Die abgebildeten Stücke sind ebenfalls mit ihren Sammlungsnummern ausgewiesen.

Danksagungen

Die Arbeit der Wissenschaftler wäre ohne die sorgfältige Präparation der Fossilien durch erfahrene Präparatoren nicht möglich. Es ist das gemeinsame Anliegen der Autoren, ihnen für ihre schwierige Tätigkeit, für die den engagierten Wissenschaftlern meist die Geduld fehlt, zuerst zu danken. Der Präparation folgte die Dokumentation der Fossilien durch die Fotografen der verschiedenen Museen. In besonderem

Maß hat sich Frau Beate Simon der digitalen Fotografie und der Projektbetreuung gewidmet. Allen denen, die Bilder für diesen Band bereitgestellt haben, sei hiermit herzlich gedankt.

Folgende Privatsammler stellten dankenswerterweise ihre Stücke zur Verfügung: Familie Ch. und A. Behnke (Niederhöchstadt), Herr Dr. G. Jores (Darmstadt), Herr M. Keller (Frankfurt am Main), Herr Dr. Th. Martin (Berlin; Dauerleihgabe im Hessischen Landesmuseum Darmstadt) und Herr Dr. M. Wuttke (Mainz; Dauerleihgabe im Forschungsinstitut Senckenberg, Frankfurt am Main).

Wir widmen diesen Band all jenen, die dazu beigetragen haben, die Grube Messel vor der Zerstörung zu bewahren. Wir wollen mit diesem Buch die Schönheit und die Aussagekraft dieser Fossilien erstrahlen lassen.

W. v. Koenigswald und G. Storch

DIE GRUBE MESSEL

Der Fundort der hier vorgestellten Fossilien ist die Grube Messel, ein aufgelassener Tagebau, in dem bis 1971 über hundert Jahre lang Ölschiefer bis zu einer Tiefe von 60 m zur Herstellung von Öl, Paraffin und anderen chemischen Produkten abgebaut wurde. Der ehemalige Tagebau deckt die gesamte Fläche ab, in der Ölschiefer, eingerahmt von wesentlich älteren Gesteinen, ansteht. In der Tiefe hat der Tagebau das Vorkommen noch nicht erschöpft. Es liegen noch weitere 100 m Ölschiefer unter der Grubensohle, deren Abbau in diesem kleinen Tagebau mit einer Fläche von 1,5 km^2 aber ökonomisch nicht rentabel gewesen wäre.

Das Foto zeigt den aufgelassenen Tagebau inmitten eines Waldgebietes im Herbst 1986, als hier noch eine Mülldeponie eingerichtet werden sollte. Erhebliche Mengen von Industrieschutt waren bereits früher über den Rand der Grube gekippt worden. Auch eine Zufahrtsstraße und die Verladeeinrichtungen waren bereits nahezu fertiggestellt, als der Plan zur Errichtung der Deponie aufgegeben werden mußte. Juristische und technische Gründe – verbunden mit der zunehmenden Einsicht, daß die Grube Messel eine einmalige Fossillagerstätte darstellt – führten 1988 zu diesem Wandel.

Nach der Stillegung des Bergbaubetriebs gruben zunächst Privatsammler erfolgreich nach Fossilien. Daraufhin verstärkten die verschiedenen Museen ihre Grabungstätigkeit, obwohl die Vorbereitungen für die Deponie bereits begonnen hatten. Das Forschungsinstitut Senckenberg, das Hessische Landesmuseum Darmstadt und das Museum für Naturkunde in Karlsruhe engagierten sich dabei am stärksten. Jedes Jahr erbrachten diese Grabungen sensationelle Funde, die die Bedeutung der Fundstelle immer mehr herausstellten.

Die meisten Grabungsstellen lagen zunächst am nordwestlichen Hang, weil die Grubensohle lange Zeit unter Wasser stand. Als der Wasserspiegel im Zuge der Vorbereitungsarbeiten für die Deponie abgepumpt wurde, konnten die Grabungsstellen auch auf die Grubensohle verlagert werden. Heute sind die Grabungsstellen so verteilt, daß man ein möglichst vollständiges Bild vom Ölschiefer erfassen kann.

W. v. Koenigswald

LUFTBILD DER GRUBE MESSEL
Foto: W. v. Koenigswald

DAS SEDIMENT: DER MESSELER ÖLSCHIEFER

Dicke des Ölschieferblocks: 18 cm. Literatur: Matthess 1966, Weber und Hofmann 1982, Goth 1990.

Der Ölschiefer bildet die wichtigste Ablagerung des ehemaligen Sees; er erlaubt Rückschlüsse auf die speziellen Bedingungen, die im See geherrscht haben. Meist zeigt der Ölschiefer eine sehr feine Schichtung. Regelmäßig wechseln organische mit mineralischen Lagen. Die organischen Lagen gehen auf ein massenhaftes Absterben von Algen zurück. In dieser Rhythmik kann eine kalendermäßige Abfolge stecken, falls die Algenblüten jahreszeitlich bedingt waren.

Die abgestorbenen Algen und andere organische Reste brauchten bei ihrer Verwesung den im Seewasser gelösten Sauerstoff auf. Dadurch waren die tieferen Wasserschichten des Sees und der Seeboden sauerstofffrei. Ein großer Teil der organischen Substanz konnte wegen des Mangels an Sauerstoff nicht oxydiert werden und macht damit aus dem Tonstein einen Ölschiefer, der wegen seines hohen Gehalts an organischen Substanzen (Kerogenen) als Rohstoff bergmännisch abgebaut wurde.

Die vorzügliche Erhaltung der Feinschichtung zeigt weiter, daß keine Tiere am Seeboden leben konnten, die das Sediment durchwühlten. Wegen des fehlenden Sauerstoffs wurde einerseits ein Bodenleben und andererseits die weitere Verwesung der abgesunkenen Tierkadaver oder Pflanzenreste verhindert. Damit waren die Fossilien dem normalen Recycling entzogen. Nur einige spezielle Bakterien, deren Stoffwechsel nicht von Sauerstoff abhängig ist, bauten Teile des organischen Materials langsam um. Solche Bakterien trugen aber gleichzeitig zur Überlieferung der »Hautschatten« und anderer Nachzeichnungen von Weichteilen bei, wie sie die Fossilien heute zeigen.

Der obere Teil des Wasserkörpers muß aber – zumindest zeitweise – hinreichend durchlüftet gewesen sein, denn sonst hätten nicht die vielen Fische im See leben können. Das Fehlen von Wasserinsekten verweist indessen auf eine gewisse Einschränkung der Lebensmöglichkeiten, die auch die oberen Wasserzonen betraf.

Das gleichbleibende Erscheinungsbild des Ölschiefers über seine gesamte Mächtigkeit zeigt die meist ruhigen und über lange Zeit gleichbleibenden Ablagerungsbedingungen an. Allerdings rutschten immer wieder höhere Hangpartien in die Tiefe des Sees. In den Ablagerungen solcher Trübeströme ist die Feinschichtung des Ölschiefers zerrissen. Er läßt sich dann sehr schlecht spalten und enthält auch kaum noch vollständige Fossilien.

F.-J. Harms

DETAILBILD MIT FEINSCHICHTUNG
Dicke: 1.6 cm. Foto: J. Habersetzer

FEINGESCHICHTETER ÖLSCHIEFER

Foto: J. Habersetzer

DER ÖLPRODUZENT IM MESSELSEE

Jahrzehntelang war das Kerogen – unlösliche organische Bestandteile – im Messeler Ölschiefer Ziel des Abbaus. In rasterelektronenmikroskopischen Aufnahmen des Seesedimentes erkennt man die gut erhaltenen Zellwände der einzelligen Grünalge *Tetraedron minimum* (coccale Chlorophyceae) in dichter Packung. Dieser Organismus vermehrte sich mit jährlich wiederkehrender Regelmäßigkeit in sogenannten »Algenblüten« bis die Nährstoffe im Seewasser aufgebraucht waren. Etwa 500 Millionen Zellen schwammen dann in jedem Liter Oberflächenwasser. Aufgrund des Nährstoffmangels starben alle *Tetraedron*-Zellen gleichzeitig ab. Wegen ihrer Kleinheit (10 µm) sanken sie relativ langsam auf den Seeboden und bildeten dort dünne, aber diskrete Lagen. Den Rest des Jahres sedimentierte ein feinkörniges Gemisch aus eingewehten, eingeschwemmten und im See gebildeten Partikeln, bis die nächste Massenvermehrung der Algen stattfand. Die feine Lamination des Messeler Ölschiefers geht auf diesen saisonalen Wechsel in der Sedimentation zurück. Es ist wahrscheinlich, daß durch die Zersetzung der gleichzeitig abgestorbenen *Tetraedron*-Zellen der Sauerstoff im Wasser vollständig aufgebraucht wurde. Der Messeler See wäre nach jeder Algenblüte, also jedes Jahr, umgekippt und alle Tiere im See getötet worden. Die eigenartige Zusammensetzung der Wasserfauna könnte auf diesen Umstand zurückgeführt werden.

Größe der einzelnen Zellen: 10 µm.
Literatur: Goth et al. 1988, Goth 1990.

K. Goth

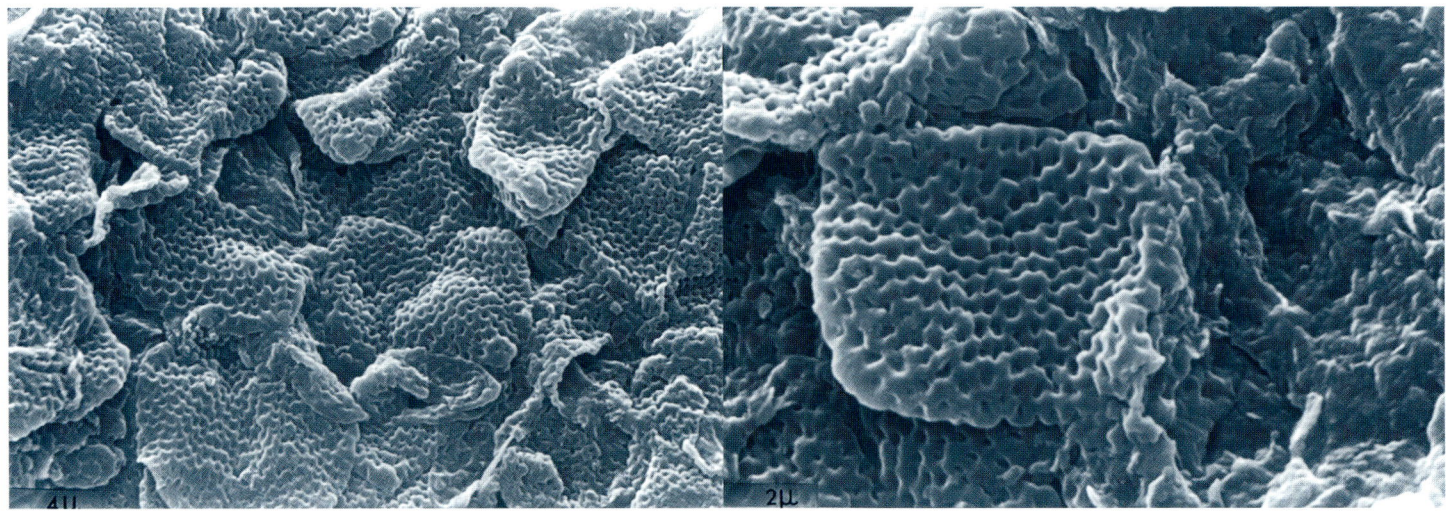

TETRAEDRON MINIMUM
Foto: K. Goth

FOSSILE BAKTERIEN

Die Vielfalt an fossilen Schätzen des Messeler Ölschiefers erstreckt sich auch auf einen Bereich, der uns ohne technische Hilfsmittel nicht zugänglich ist, nämlich die Welt der Mikroorganismen. Das Instrument für eine Entdeckungsreise dorthin ist das Rasterelektronenmikroskop, das bei 20000facher Vergrößerung die etwa 0,5 bis 4 Mikrometer großen Bakterien gut sichtbar macht.

Allein die Tatsache, daß es versteinerte Bakterien überhaupt gibt, ist eine Sensation, wenn man bedenkt, wie winzig Bakterien sind und daß sie aus leicht vergänglichem organischen Material bestehen. In Messel sind sie hervorragend erhalten und in ungeheurer Zahl vorhanden. Man findet sie überwiegend im Zusammenhang mit den Überresten größerer Organismen, welche eine Weichteilerhaltung in Form sogenannter Hautschatten aufweisen. Diese Hautschatten bestehen aus Rasen von lithifizierten Bakterien. Das hier gezeigte untere Bild stammt von dem ehemaligen Auge des Messel-Fisches *Rhenanoperca*. Diese Bakterien sind filamentös. Es gibt in Messel aber auch runde, stäbchenförmige und intermediäre Formen, also Kokken, Bazillen und Kokkenbazillen (oberes Bild). Das große runde Gebilde ist ein Pyrit-Framboid oder Himbeer-Pyrit. An seiner Entstehung war mit Sicherheit bakteriel gebildeter Schwefelwasserstoff als Schwefellieferant beteiligt. Es ist jedoch sehr unwahrscheinlich, daß Pyrit-Framboide, wie es von einigen Bearbeitern geäußert wird, auch versteinerte Bakterien sind. Biofilme sind ebenfalls nachgewiesen. Das lithifizierende Mineral ist meistens Apatit, ein Kalziumphosphat, und weniger häufig auch Siderit, ein Eisenkarbonat. Die Bakterien lebten im sauerstofffreien Milieu am Boden des Sees und ernährten sich direkt von der organischen Substanz. Ihre Versteinerung muß in kürzester Zeit, also innerhalb von Stunden, stattgefunden haben. Das Kalzium und der Phosphor stammen aus der abgebauten organischen Substanz, das Eisen und das Karbonat kamen eher aus dem umgebenden Wasser. Phosphatisierte Bakterien sind häufig auf ehemals eiweißreichem Substrat, wie zum Beispiel Fischleichen, zu finden, während sideritisierte Bakterien an horniges Substrat, wie etwa Federn, gebunden sind.

Die Bakterien sind von großer Bedeutung für den Erhaltungszustand der Messel-Fossilien. Sie überliefern die Weichteilstrukturen und ermöglichen so, daß wir umfangreiche Informationen über das Aussehen der Bewohner in und am Messelsee erhalten; außerdem verstärken sie dadurch auch den großen ästhetischen Reiz der Messel-Fossilien.

K. Liebig

Größe der Bakterien: bis 4 μm lang.
Literatur: Liebig (im Druck).

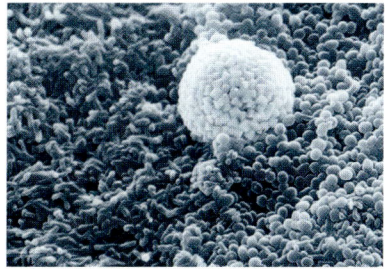

FOSSILE BAKTERIEN
Foto: K. Liebig

Die »Messel-Seerosen«

Reste von Blättern, die den Schwimmblättern heutiger Seerosen sehr ähnlich sehen, kommen im Ölschiefer von Messel verhältnismäßig häufig vor. So verwundert es kaum, daß hier auch Blütenreste zum Vorschein kamen, die auf den ersten Anschein gewisse Ähnlichkeiten mit heutigen Seerosenblüten erkennen lassen. Aufgrund anatomischer Details hat sich bestätigt, daß die genannten Blätter und Blüten mit hoher Wahrscheinlichkeit tatsächlich von gleichartigen Mutterpflanzen stammen. Die genauere Untersuchung der Blüten und der darin erhaltenen Pollenkörner hat jedoch inzwischen Zweifel daran aufkommen lassen, ob es sich bei diesen Pflanzen wirklich um direkte Vorläufer oder um nahe Verwandte der heutigen Seerosen handelt. Es erscheint im Moment vielmehr plausibel, daß es Vertreter einer eigenen, inzwischen ausgestorbenen Pflanzengruppe waren. Obwohl eher entfernt mit ihnen verwandt, haben diese Pflanzen in ihrer ökologischen Anpassung den heutigen Seerosen weitgehend entsprochen.

V. Wilde und F. Schaarschmidt

Größe des Blattes: etwa 10 cm.
Literatur: Schaarschmidt 1988.

BLATT EINER PFLANZE, DIE HEUTIGEN
SEEROSEN ÄHNELT

Forschungsinstitut Senckenberg Frankfurt ME 2734
Foto: E. Haupt

SÜSSWASSERSCHWÄMME

In den Sedimenten des ehemaligen Messelsees kommen die Kieselsäurenadeln von Süßwasserschwämmen nicht selten vor, in manchen Schichten sind sie fast gesteinsbildend. Sie lassen sich durch Erhitzen des Ölschiefers in Salpetersäure und Kaliumhydroxyd isolieren. Diese sogenannten Skelettnadeln (miteinander zu Strängen verklebt, stützten sie den lebenden Schwammkörper) waren ursprünglich stark bedornt, mehr oder weniger gerade und beidseitig zugespitzt mit engem Zentralkanal. Die besonders innerhalb dieses Kanals und an den Spitzen der Nadeldornen ansetzende Korrosion erweiterte den Zentralkanal, narbte die Nadeloberfläche und zerstörte vor allem die Dornen, an deren Stelle sich tiefe Korrosionsgruben und schließlich Kanäle bildeten, die bis zum Zentralkanal führen.

Anhand solcher Skelettnadeln lassen sich Süßwasserschwämme allerdings keiner bestimmten Gattung oder Art zuordnen. Es ist deshalb wichtig, daß – in sehr geringer Zahl und nur in wenigen Fundhorizonten – andere Nadeltypen, sogenannte Gemmulanadeln, gefunden wurden. Gemmulanadeln verstärken oder bedecken die sehr feste Hüllmembran, die die kleinen kugelförmigen Vermehrungskörper (Gemmulae) der Süßwasserschwämme umschließt. Beim Absterben eines Schwammkörpers werden diese frei, und unter entsprechenden Bedingungen keimen aus ihnen ungeschlechtlich neue Schwämme.

Die in Messel gefundenen Gemmulanadeln tragen an beiden Enden ihres kurzen Schafts eine scheibenartige Platte, die ursprünglich mit einem Kranz langer Dornen umgeben war (in Messel durch Korrosion zerstört). Diese sogenannten Amphidisken weisen darauf hin, daß der zugehörige Schwamm der Gattung *Ephydatia* angehörte.

G. Richter

Dicke der Nadel: ca. 30 μm.
Literatur: Müller et al. 1982,
Richter und Wuttke 1995.

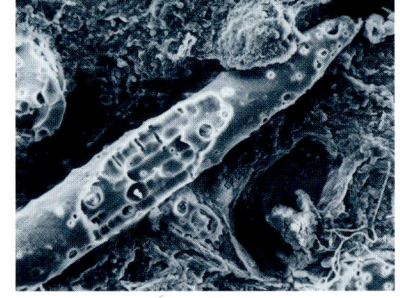

AUFGEBROCHENE
SCHWAMMNADEL MIT
ZENTRALKANAL
Foto: W. v. Koenigswald

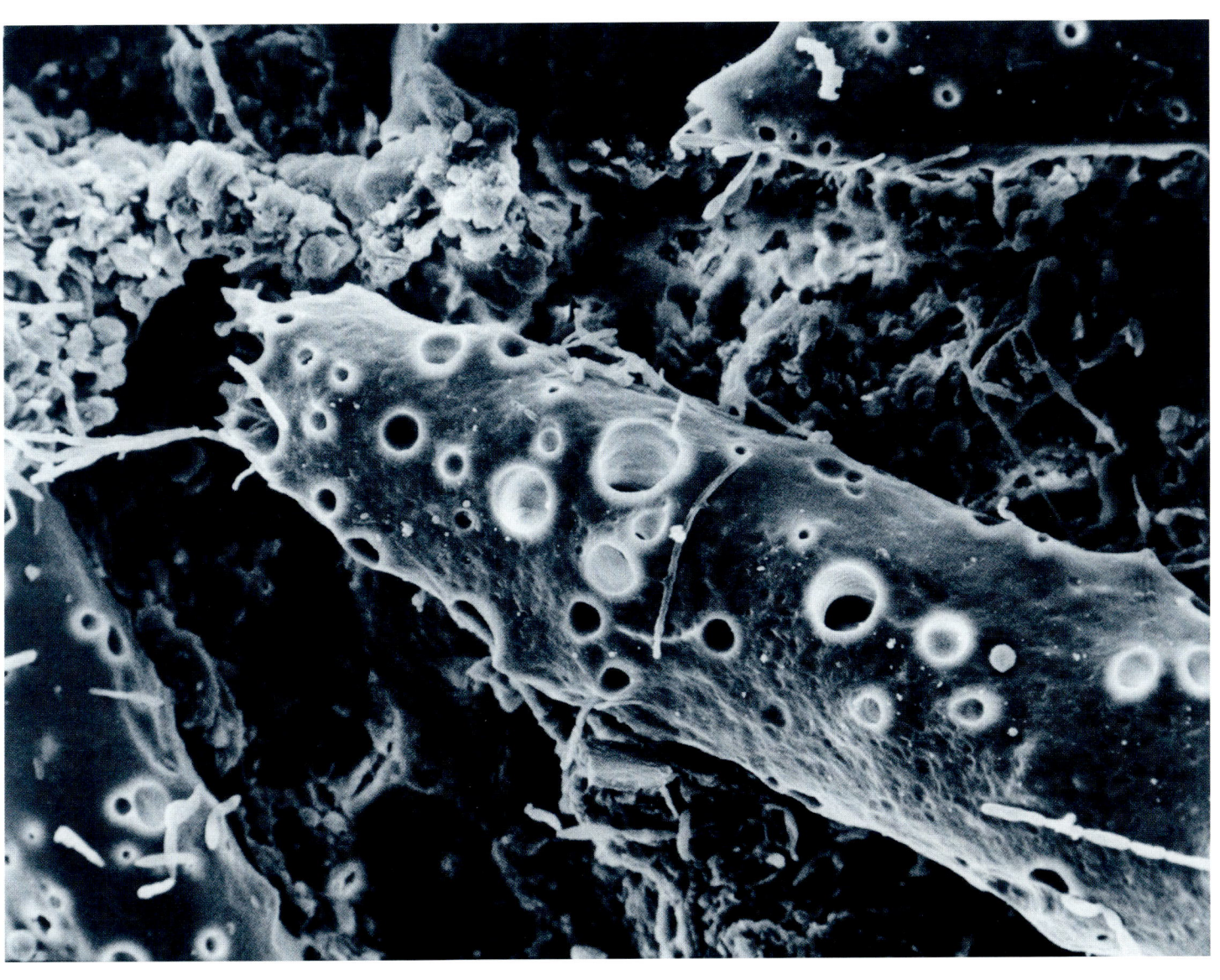

SCHWAMMNADEL MIT ÄTZGRUBEN
Foto: W. v. Koenigswald

KNOCHENHECHT

Der Knochenhecht, *Atractosteus strausi*, kommt in fast allen bislang erschlossenen Bereichen des Messeler Ölschiefers vor. Im Gegensatz zu vielen anderen Tierarten, die wohl vorrangig als Kadaver in den ehemaligen Messelsee gelangten, haben Knochenhechte mit großer Wahrscheinlichkeit zumindest für einige Zeit auch dort gelebt und sind dort gestorben. Besonders markant ist ihr urtümliches Aussehen: Die Schädelknochen sind massiv und stark skulpturiert, die langgezogene und mit spitzen Zähnen gespickte Schnauze erinnert an Krokodile. Den Körper schützt ein kettenhemdartiger Panzer aus schmelzüberzogenen, glänzenden Schuppen.

Heutige Knochenhechte sehen den Messeler Exemplaren sehr ähnlich. Sie gelten als »lebende Fossilien«, das heißt als eine der ursprünglichsten Gruppen unter den heute noch lebenden Knochenfischen. Ihr Skelettbau weist etliche Primitivmerkmale auf. Gleichzeitig sind Besonderheiten zu erkennen, die nur den Knochenhechten eigen sind und sie sowohl von Schlammfischen als auch von allen »höheren« Knochenfischen (Teleostei) unterscheiden. Es gibt mehrere Arten, die vor allem in Flüssen und Seen des südöstlichen Nordamerikas heimisch sind. Alle sind Fischjäger, die sich an ihre Beute heranschleichen, sie mit einer blitzschnellen Seitwendung des Kopfes packen und anschließend mit dem Kopf voran verschlingen. Der besondere Bau ihrer Schwimmblase macht sie zu Überlebenskünstlern, die Notsituationen, wie zumBeispiel längere Hitzeperioden, dadurch überstehen, daß sie zusätzlich Luftsauerstoff atmen.

Messeler *Atractosteus*-Exemplare können wichtige Informationen über die damalige Umwelt liefern. Im Gegensatz zu den »Elasmoid«-Schuppen der höherentwickelten Knochenfische bestehen ihre Schuppen nicht nur aus Knochen, sondern sind zusätzlich von einer glänzenden, schmelzähnlichen Deckschicht überzogen, dem Ganoin. Die Schuppe wächst, indem sowohl der knöchernen Basis als auch der oberen Ganoinschicht neues Material an- beziehungsweise aufgelagert wird. Dieser Vorgang kann im Dünnschliff kenntlich gemacht werden und ermöglicht Aussagen über die Wachstumsgeschwindigkeit und das physiologische Alter der Tiere. Wenn man Wachstumskurven von Exemplaren aus unterschiedlichen Schichtpaketen des Ölschiefers miteinander vergleicht, kann man sogar auf ihre Lebensbedingungen zu unterschiedlichen Stadien des Messelsees schließen.

N. Micklich

Gesamtlänge: ca. 41 cm.
Literatur: Micklich 1988, Micklich et al. 1995.

ATRACTOSTEUS STRAUSI
Hessisches Landesmuseum Darmstadt Me 7466
Foto: W. Kumpf

Schlammfische

Gesamtlänge: ca. 59 cm.
Literatur: Gaudant 1987, Micklich 1988, Micklich et al. 1995.

Die in Messel am häufigsten gefundene Fischart ist der Schlammfisch, *Cyclurus kehreri*. Dieser ist nahe mit der heute noch in den südlichen und östlichen Gebieten Nordamerikas vorkommenden Schlammfischart, *Amia calva*, verwandt. Schlammfische dürften, ähnlich den Knochenhechten, echte Bewohner des Messelsees gewesen sein, die dort längere Zeit gelebt haben und schließlich auch dort verendet sind.

Der Schädel der Messeler Schlammfische ist von zahlreichen massiven und skulpturierten Deckknochen umschlossen und sieht daher recht urtümlich aus. Urtümlich ist auch, daß die Wirbelsäule bereits im vorderen Schwanzflossenbereich deutlich nach oben hin abbiegt. Dennoch stehen die Schlammfische den modernen Knochenfischen (Teleostei) näher als die Knochenhechte: Ihren Schuppen und Schädelknochen fehlt zum Beispiel die für Knochenhechte noch typische Ganoinschicht.

Das Verbreitungsgebiet von *Amia calva*, der einzigen heute noch lebenden Schlammfischart, stimmt annähernd mit dem der heutigen Kochenhechte überein. Ebenso ernähren sich beide vorwiegend von Fischen, wobei Schlammfische jedoch keine ausgesprochenen Stoßjäger sind. Auch sind sie in der Lage, bei Mangelsituationen, wie zum Beispiel während der sommerlichen Hitze, Luftsauerstoff aufzunehmen.

Aufgrund der hohen Fundhäufigkeit sind die Messeler Schlammfische reizvolle Untersuchungsobjekte im Hinblick auf eine Rekonstruktion der ehemaligen Umweltbedingungen. Allerdings bieten sich hier andere Untersuchungen als bei den Knochenhechten an. Eine hiervon ist der Vergleich von unvollständigen beziehungsweise. in unterschiedlichen Zerfalls- und Einbettungslagen vorliegenden Exemplaren mit dem experimentellen Zerfall heutiger Schlammfisch-Leichen, der unter verschiedenen, möglichst genau definierten Bedingungen herbeigeführt wurde. Diejenigen Randbedingungen, die zu gleichen oder ähnlichen Zerfallsstadien führen, wie sie bei den Messeler Funden zu unterscheiden sind, dürften mit einiger Wahrscheinlichkeit auch im ehemaligen Messelsee eine Rolle gespielt haben (»aktualistisches Prinzip«).

N. Micklich

CYCLURUS KEHRERI
Hessisches Landesmuseum Darmstadt Me 7487
Foto: D. Keller

MESSEL-BARSCHE

Gesamtlänge: ca. 18 cm
Literatur: Micklich 1985, 1987, 1996.

Barsche zählen zu den fortschrittlichsten Gruppen der Knochenfische. Aus Messel sind drei Arten – *Amphiperca multiformis*, *Palaeoperca proxima* und *Rhenanoperca minuta* – belegt, die aber alle mit den heute hier heimischen Süßwasserbarschen *(Perca fluviatilis)* nicht näher verwandt sind. Funde von Messel-Barschen sind seltener als die der anderen Fischarten. Nur in den älteren Schichten um den Leithorizont γ (im nördlichen Bereich der Grube) ist *Rhenanoperca minuta*, eine kleinwüchsige Art, relativ häufig. *Amphiperca multiformis* kommt dagegen in den jüngeren Ablagerungen im Grubenzentrum etwas häufiger vor. Von *Palaeoperca proxima* ist keine derartige Fundanreicherung bekannt.

Amphiperca und *Palaeoperca* entsprechen zwei weitverbreiteten Grundtypen der »Barschkonstruktion«: einmal dem hochrückigen, manövrierfähigen Stoßräuber, der seiner Beute aus einem Versteck heraus auflauert und sie im schnellen Vorstoß mit den großen Kiefern packt, und zum anderen dem Dauerschwimmer mit spindelförmig-gestrecktem Körper, der größere Freiwasserareale durchstreift und Kleintiernahrung bevorzugt. Die unterschiedliche Häufigkeit und Intensität der Ausbildung von Wachstumsmarken auf den Schuppen dieser beiden Barscharten legt ebenfalls grundsätzliche Unterschiede in ihrer Ökologie nahe. Die kleinwüchsige Art *Rhenanoperca minuta* repräsentiert dagegen einen ausgesprochenen Spezialisten: Die massiven »Mahlzähne« im Schlund lassen normalerweise auf den Konsum hartschaliger Nahrung, wie zum Beispiel von Mollusken und Krebstieren, schließen. Dies steht aber im Widerspruch zu den Inhalten des Verdauungstraktes, die bei *Rhenanoperca* recht häufig aus kleineren Exemplaren der eigenen Art bestehen. Dies könnte auf eine plötzliche Verknappung der eigentlichen Hauptnahrung hinweisen.

Ein weiterer interessanter Aspekt bei den Messel-Barschen ist die große Variabilität bestimmter Skelettdetails. Sie fallen bei allen drei Arten auf und überschreiten klar das von heutigen Barschen bekannte innerartliche Variabilitätsspektrum. Es könnte sich hierbei um den Beginn eines Artneubildungsprozesses handeln, den man als »intralakustrine Speziation« auch von vielen heutigen Langzeitseen kennt.

N. Micklich

AMPHIPERCA MULTIFORMIS

Hessisches Landesmuseum Darmstadt Me 8958
Foto: W. Kumpf

EIN »ECHTER« KNOCHENFISCH

Thaumaturus intermedius ist eine der kleinsten Fischarten, die im Messeler Ölschiefer gefunden wird. Die meisten Exemplare erreichen kaum mehr als eine Gesamtlänge von 3–6 cm. Der Skelettbau dieser Fische ist fortschrittlicher als der von Knochenhechten und Schlammfischen. Die Beschuppung und die Verknöcherungen im Schädel sind weniger massiv, und die Schwanzflossenbasis ist annähernd symmetrisch gebaut. *Thaumaturus* wird daher an die Basis der »höher« entwickelten Knochenfische (Teleostei) gestellt.

Thaumaturus-Exemplare haben sich wahrscheinlich von Kleintieren, insbesondere von Insekten und deren Larven, ernährt. Deutlich sichtbare Inhalte des Verdauungstraktes sind selten überliefert; dennoch gibt es Funde, die mit Insektenresten regelrecht vollgestopft sind. Interessanterweise wird bei der ebenfalls eozänen Fossilienfundstätte Eckfelder Maar *Thaumaturus* vor allem in denjenigen Profilabschnitten gefunden, in denen auch Flußmuscheln häufiger vorkommen. Die Vermutung liegt nahe, daß diese Fische auch in Messel von außerhalb, über ein Gewässersystem, in den See vorgedrungen sind. Dies stimmt gut mit dem Beleg eines Süßwasseraales der Gattung *Anguilla* im Messeler Ölschiefer überein. Diese Aale, von denen bislang allerdings nur ein einziges Exemplar gefunden wurde, führen heutzutage charakteristische Wanderbewegungen zwischen dem Meer und den Binnengewässern durch, was ebenfalls für einen Anschluß des ehemaligen Messelsees an ein Gewässernetz spricht.

Die Messeler *Thaumaturus*-Funde sind auch deshalb interessant, weil man sie zuerst zu den lachsartigen Fischen (Salmoniformes) stellte und als Hinweis auf ein dementsprechend sauberes Gewässer ansah. Später fand man heraus, daß diese Zuordnung im wesentlichen auf einer Fehlinterpretation, der vermeintlichen Ausbildung einer Fettflosse, beruht. Daraufhin wurde angenommen, daß es sich um Knochenzüngler (Osteoglossiformes) handelt. Heutzutage kann lediglich die Zuordnung zur Gruppe der Clupeocephala (»Heringsköpfe«) als hinlänglich gesichert gelten.

N. Micklich

Gesamtlänge: ca. 5,5 cm.
Literatur: Gaudant 1981, Micklich 1983, 1988, 1994.

THAUMATURUS INTERMEDIUS
Hessisches Landesmuseum Darmstadt Me 7954
Foto: W. Kumpf

SCHNORCHEL UND RUDERBEINE

Oder wie machen es die Wasserkäfer?

Literatur: Tröster 1993.

Nur hin und wieder sind in den Messeler Tonsteinen Fossilien von wasser-lebenden Insekten zu finden. Eines dieser seltenen Exemplare ist der abgebildete Wasserkäfer. Er kommt in Form und Größe unseren einheimischen Kolbenwasserkäfern nahe und gehört mit großer Sicherheit auch verwandt-schaftlich in diese Gruppe (Hydrophilinae). Diese Tiere sind träge Paddler, die sich im dichten Gestrüpp einer wasserpflanzenreichen Uferzone aufhalten.

Für dieses Leben unter Wasser sind sie mit Spezialanpassungen ausgerüstet, die an dem Fossil sehr schön zu sehen sind. Um unter Wasser genügend Antrieb zu erzeugen, sind die Beinchen verbreitert. Ein zusätzlicher Saum aus dichtste-henden Borsten verwandelt das ehemalige Schreitbein in ein Ruderorgan, das eine effektive Fortbewegung unter Wasser gewährleistet.

Wasserkäfer besitzen keine Kiemen, sondern müssen Luft atmen. Wie jeder Taucher nehmen sie dazu einen Vorrat mit, wenn sie tauchen. Zur Aufbewah-rung dient dabei hauptsächlich ein dichter Haarfilz an der Unterseite der Tiere. Um den Luftvorrat von Zeit zu Zeit zu ergänzen, ist die Antenne zu einer Art Schnorchel umgewandelt. Die letzten drei bis fünf Antennenglieder leiten die Luft über eine feine Haarrinne am Kopf entlang von der Wasseroberfläche zur Unterseite der Vorderbrust.

Die Hydrophiliden besiedeln sowohl das Wasser als auch das Land. Die wasserlebenden Formen erkennt man an ihrem stromlinienförmigen Körper-bau, wie dies bei der abgebildeten Art gut zu sehen ist. Sie verbringen ihren gesamten Lebenszyklus im Wasser. Als Larven ernähren sie sich räuberisch, während die erwachsenen Käfer pflanzliche Kost bevorzugen.

Da Wasserkäfer, wie erwähnt, nur sehr selten in Messel gefunden werden, könnte dies ein weiterer Hinweis dafür sein, daß die vegetationsreiche Uferzone nicht in unmittelbarer Nähe der Ablagerungsstelle des Messeler Tonsteines lag. Funde wie dieser geben immer wieder zu Spekulationen Anlaß, etwa daß der Ablagerungsbereich des Tonsteines nur ein ganz kleiner Abschnitt eines sehr großen Sees war. Man stellt sich vor, daß irgendwo in der Mitte des Sees sich im Seeboden eine Senke gebildet hat, in der dann vereinzelt tote Tiere abgelagert wurden. Vom eigentlichen See ist demnach so gut wie nichts über-liefert.

G. Tröster

KÄFER AUS DER FAMILIE HYDROPHILIDAE

Sammlung Behnke, Niederhöchstadt
Foto: G. Tröster

EIN GROSSES KROKODIL

Der allererste publizierte Fossilfund aus dem Messeler Ölschiefer war ein Krokodil, und seit dieser frühen Zeit sind zahlreiche weitere Funde dieser großen urtümlichen Echsen hinzugekommen. Der abgebildete Schädel von 60 cm Länge gehört dem größten Krokodil Messels an, *Asiatosuchus germanicus*. Ausgewachsene Tiere dieser Art erreichten eine Länge von 3–4 m. Der Schädel ist gedrungen mit verlängerter, insgesamt aber breiter Schnauze, an deren breitgerundetem, etwas erhöhtem Vorderende zentral die Nasenlöcher stehen. Die Nasengänge waren vom Maul getrennt und beiderseits mit Hautklappen dicht verschließbar. Daher konnte *Asiatosuchus* wie die heutigen Krokodile auch unter Wasser mit geöffnetem Maul lauern und dort Beute zerreißen und aufnehmen. Gegenwärtig können Krokodile nur in Gegenden leben und sich fortpflanzen, wo die jährlichen Durchschnittstemperaturen über 20° C liegen. Funde von Palmenblättern und anderen tropisch-subtropischen Pflanzen in Messel belegen ein sehr warm getöntes, gerade auch für Krokodile günstiges Klima. In landnahen Bereichen der Gewässer jagten sie; nachts, wenn das Land stärker abkühlte, haben sie sich bevorzugt im Wasser aufgehalten. Hier konnte auch der seitlich abgeflachte, mit einem hohen Kamm aus Hornschuppen versehene Schwanz zur schnellen Fortbewegung sehr wirksam eingesetzt werden. Aber natürlich suchte *Asiatosuchus* mit seinen kräftig ausgebildeten Extremitäten auch das feste Land nicht selten auf.

Th. Keller

Länge des Schädels: 60 cm.
Literatur: Franzen und Frey 1993.

SCHÄDEL VON
ASIATOSUCHUS GERMANICUS

Forschungsinstitut Senckenberg Frankfurt ME 1801
Foto: E. Haupt

PANZERKROKODIL

Gesamtlänge des Tieres: 50 cm.
Literatur: Frey et al. 1987.

Insgesamt sind bisher die Überreste von sieben verschiedenen Krokodilformen im Messeler Ölschiefer nachgewiesen worden. Die meisten von ihnen besuchten den eozänen Messelsee nur zeitweise, wie zum Beispiel das über drei Meter lange Asien-Krokodil (*Asiatosuchus*), von dem bislang noch keine frisch geschlüpften Jungtiere gefunden wurden. Die überwiegend landbewohnenden Pflasterzahn-Krokodile mit ihren auffallend kurzen Schädeln (*Allognathosuchus*) und die Sägezahn-Krokodile *Bergisuchus* und *Pristichampsus* mit ihren seitlich abgeplatteten Schnauzen kamen vielleicht allenfalls zum Trinken an den See. Einzig zwei zierlich gebaute Hundszahn-Krokodile lebten dauerhaft im eozänen Messelsee: das Darwinsche Hundszahn-Krokodil (*Diplocynodon darwini*) und das Messeler Panzerkrokodil (*Baryphracta deponiae*). Die weitaus meisten Krokodilfossilien stammen von diesen beiden Formen. Winzige Jungtiere von kaum 20 cm Länge belegen, daß nur diese beiden Formen am Ufer des eozänen Messelsees ihre Eier gelegt haben.

Das Messeler Panzerkrokodil ist mit etwa einem Meter Länge eine der kleinwüchsigsten Krokodilformen aus den Messeler Schichten. Ein wichtiges Kennzeichen ist die starke Panzerung des Tieres. Der Körperpanzer reicht bis in die Schwanzspitze, wobei auch die Schuppen des Schwanzkammes knöchern versteift waren; sogar die Haut der Beine war mit dicken Knochenplatten besetzt.

Das Messeler Panzerkrokodil sah heutigen Krokodilen ähnlich. Wie diese jagte es alles, was es überwältigen konnte: Wasserinsekten, Fische, Frösche und Salamander, aber auch kleine Echsen, Schlangen und Säuger. Treibende Tierleichen waren sicherlich ebenfalls ein wichtiger Bestandteil seiner Nahrung. Das kleine Krokodil wurde aber auch selbst Beute von Riesenschlangen, großen Vögeln und Raubsäugern.

E. Frey

BARYPHRACTA DEPONIAE
Forschungsinstitut Senckenberg Frankfurt ME 899
Foto: E. Haupt

MAGENSTEINE EINES KROKODILS

Der Ölschiefer von Messel ist ausgesprochen feinkörnig; Sandkörner sind bereits eine Besonderheit. In den Krokodilskeletten, hier einem alligatorähnlichen *Diplocynodon darwini*, werden regelmäßig gerundete Steine gefunden. Es sind sicher Magensteine, die das Tier zu Lebzeiten aufgenommen hat. Lange Zeit hatte man angenommen, diese Steine im Magen seien im wesentlichen dazu da, um die Nahrung, die ja von den Krokodilen im ganzen verschlungen und nicht gekaut wird, zu zerreiben. Untersuchungen haben aber gezeigt, daß die Steine einem weiteren Zweck dienen: Die Masse der Steine steht nämlich nach Reihenuntersuchungen an rezenten Krokodilen stets in einem festen Verhältnis zur Körperlänge beziehungsweise zum Körpergewicht des Tieres. Demnach nehmen Krokodile aktiv so viele Steine auf, bis ihr Körpergewicht dem verdrängten Wasser entspricht. Dadurch können sie, ohne Kraft aufzuwenden, abtauchen oder so im Wasser liegen, daß nur Augen und Nase herausschauen. Es ist wahrscheinlich, daß die Krokodile des Eozäns diese raffinierte Form der Ballastaufnahme bereits vollkommen beherrschten.

Natürlich stellt sich die Frage, wo die Krokodile aus Messel die Steine aufsammeln konnten, weil das Sediment ja völlig frei von entsprechend großen Steinen ist. Die Uferregionen des ehemaligen Sees von Messel sind zwar nicht überliefert, aber es ist anzunehmen, daß die Krokodile gewisse Wanderungen unternahmen, in deren Verlauf sie dann die Steine an Flußufern aufgesammelt haben.

Bei den Steinen handelt es sich meist um Quarze, die der Verwitterung lange standhalten. Es wäre sicher lohnend, sie einer genaueren Untersuchung zu unterziehen, denn aus der Struktur der Quarze könnte man ablesen, woher sie stammen. Das würde zugleich anzeigen, welche Gesteinspartien im Umland – etwa der Odenwald im Süden oder das Rheinische Schiefergebirge im Norden – während des Eozäns abgetragen wurden.

W. v. Koenigswald

Breite der Panzerplatten: ca. 3 cm.

MAGENSTEINE IM BAUCH VON
DIPLOCYNODON DARWINI

Hessisches Landesmuseum Darmstadt Me 7493
Foto: W. Kumpf

WEICHSCHILDKRÖTE

Gesamtlänge des Tieres: ca. 55 cm.

Daß Schildkröten nicht »Gefangene« ihres Panzers und damit langsam, defensiv und ausschließlich friedfertig sein müssen, demonstriert das vollständig erhaltene Skelett der fossilen Dreikrallen-Weichschildkröte *Trionyx*.

Betrachten wir noch heute lebende Arten dieser erdgeschichtlich langlebigen Gattung, so können wir uns vorstellen, wie die Messeler Tiere gelebt und ausgesehen haben. Bei Landschildkröten sind die Schalen des Rücken- und Bauchpanzers geschlossen und verwachsen. Bei *Trionyx* erfährt der Panzer aber eine starke Rückbildung; Bauch- und Rückenpanzer sind weit zurückgebildet, nicht mehr fest miteinander verbunden und mit einer dicken, lederartigen Haut bedeckt. Auch die hornigen Schilder, die die Knochenplatten und insbesondere deren Verwachsungsbereiche decken, sind verlorengegangen. Gemäß der aktiveren Lebensweise im Wasser sind Kopf und Gliedmaßen vieler Weichschildkröten vergleichsweise größer und kräftiger entwickelt als bei den Schildkröten des Landes; der Kopf ist weit über den Rücken hinaus beweglich. Die ruderartig abgeflachten Extremitäten, an denen drei Krallen hervorstehen, ermöglichen einen effektiven Antrieb und diffizile Steuermanöver. Wahrscheinlich ist es berechtigt, die Messeler *Trionyx* darüber hinaus mit fleischigen Lippen und einem kurzen Rüssel zu rekonstruieren, da wir diese Merkmale von den heutigen Arten der Gattung kennen.

Die Skelette dieser Schildkröten sind nicht selten, da sie im See oder in seenahen Gewässern lebten. Doch sind Zweifel angebracht, ob die Schildkröten in dem Messeler See allzeit ein reiches Nahrungsangebot vorfanden. Ein ausreichendes, zum Beispiel aus Wasserinsekten, Krebsen und Fischen bestehendes Nahrungsspektrum in den oberen sauerstoffreichen Schichten des Gewässers, war nach den fossilen Belegen eher die Ausnahme.

Wie andere Reptilien können Schildkröten keine konstante Körpertemperatur aufrechterhalten. Ihre dichte Präsenz im und am Messeler See belegt dauerhaft warme bis sehr warme Temperaturen.

Th. Keller

VOLLSTÄNDIG FREIPRÄPARIERTE
TRIONYX SP.

Forschungsinstitut Senckenberg Frankfurt ME 1211
Foto: E. Haupt

Schildkröten bei der Paarung?

Unter den Messeler Schildkröten gehört die Weichschildkröte *Allaeochelys* zu den häufigeren Funden. Merkwürdig ist, daß mindestens sechs Fälle bekannt sind, bei denen zwei *Allaeochelys*-Exemplare dicht beieinander liegen, und zwar so, daß sich ihre Hinterenden berühren oder überlappen. Da diese besondere Einbettungslage mehr als 5 Prozent aller Funde ausmacht, dürfte sie nicht zufällig sein. Vielmehr liegt die Vermutung nahe, die Paare könnten tatsächlich eine Paarungshaltung überliefern, auch wenn dies vom Vorgang her schwer erklärbar erscheint.

Unter welchen Umständen sollten die Schildkröten ausgerechnet während der Paarung umgekommen und dann noch ungetrennt und ungestört eingebettet worden sein? Welche Todesursache könnte die Schildkröten so plötzlich getroffen haben? Und warum blieben die Schildkrötenkörper auch bei der Einbettung miteinander verbunden?

Bei den Schildkröten findet eine innere Befruchtung statt. Sie sind die ältesten Wirbeltiere, bei denen das Männchen einen Penis hat; er ist meist lang und hat zwei große Schwellkörper. Bei der Kopulation reitet das Männchen auf und verankert den Penis nahezu unlösbar im Weibchen. Diese sehr feste Verbindung könnte bei einem plötzlichen Tod für einige Zeit bestehen bleiben. Allerdings verlangt gerade ein schneller Tod in dieser Situation bei Wasserschildkröten eine Erklärung. Die Tiere sind wohl kaum ertrunken oder verschüttet, sondern am ehesten vergiftet worden. Möglich wäre, daß die Tiere während der Kopulation am Seeboden Schlamm aufwühlten und dadurch giftige Gase wie CO_2, H_2S oder SO_2 freisetzten.

Sollten die Messeler *Allaeochelys*-Paare tatsächlich auf Kopulationen zurückgehen, so wäre dies die erste bei fossilen Wirbeltieren überlieferte Fundlage, die Aufschlüsse über den biologisch wichtigen Akt dieser Tiere liefert.

S. Rietschel

Größe der Panzer: jeweils 17 cm lang.

ZWEI EXEMPLARE VON
ALLAEOCHELYS CRASSESCULPTATA

Staatliches Museum für Naturkunde Karlsruhe 2348 Pal
Foto: S. Tränkner

WASSERLEBENDE FRÖSCHE

Obwohl es sich bei dem Messeler Ölschiefer um Seeablagerungen handelt, sind Wasserfrösche hier sehr selten. Sie wurden nur in einem ganz bestimmten, episodisch abgelagerten Ölschiefertyp gefunden. Diese kleinen Frösche gehören einer vor etwa 2 Millionen Jahren ausgestorbenen Froschfamilie an, den Palaeobatrachiden (»Urfrösche«).

Messelobatrachus tobieni besiedelte den See nur in Zeiten, als im Messelsee lebende Grünalgen der Gattung *Tetraedron* den Hauptteil der jährlichen Ablagerungsrate ausmachten. Die über Zuflüsse eingetragene Tonfracht ging stark zurück, möglicherweise ein Hinweis auf viele Jahrzehnte bis Jahrhunderte andauernde trockenere Klimaperioden. Hierdurch veränderte sich unter Umständen die Chemie des Seewassers, so daß diese Frösche in den See vordringen und sich hier auch fortpflanzen konnten, wie es der bisher einzige Kaulquappenfund von Messel bezeugt.

Ebenso wie bei den landlebenden Fröschen lassen sich auch bei *Messelobatrachus* Merkmale am Skelett ablesen, die Hinweise auf die Lebensweise geben.

Im Gegensatz zu den landlebenden Fröschen werden bei den Wasserfröschen häufig die Schädelknochen soweit wie möglich reduziert, so etwa die Oberkiefer, die nicht mehr den hinteren Schädelrand erreichen. Lange, spitze und nach hinten gekrümmte Zähne im Oberkiefer (der Unterkiefer war unbezahnt) dienten dem Festhalten der Beute. Alle Schädelknochen waren glatt und ohne Skulpturierung. *Messelobatrachus* war ein Lauerräuber, der, zwischen Wasserpflanzen verborgen, auf vorbeischwimmende oder -treibende Beute lauerte. Wenn sich eine Beute näherte, katapultierte er sich mit einem mächtigen Schwimmstoß so schnell nach vorne, daß diese nicht mehr entkommen konnte.

Die Verschmelzung einiger Rumpfwirbel und die damit einhergehende Versteifung der Wirbelsäule dienten der effizienten Übertragung des Schwimmstoßes auf den Rumpf. Besonders charakteristisch ist jedoch die Verlängerung der Mittelfuß- und Mittelfingerknochen. Erstere hatte die Vergrößerung der Schwimmhautfläche zur Folge, die verlängerten Finger wurden beim Verschlingen der Beute eingesetzt.

M. Wuttke

Länge des Tieres: 52 mm.
Literatur: Wuttke 1988.

MESSELOBATRACHUS TOBIENI

Forschungsinstitut Senckenberg Frankfurt ME 1824
Foto: E. Haupt

EIN FISCHRÄUBER

Länge des Skeletts: ca. 80 cm.
Literatur: Koenigswald 1980, Pfretz-schner 1993.

Die Gattung *Buxolestes* wurde auf wenige Kieferfragmente aus der Fundstelle Bouxwiller im Elsaß begründet. Da Zähne so kennzeichnend sind wie ein Personalausweis und sogar viel über die Verwandtschaft aussagen, übersieht auch der Fachmann manchmal, daß man von dem Tier selbst und seiner Lebensweise kaum eine Vorstellung hat.

Bei einer mit *Buxolestes* verwandten Form aus Wyoming hatte man an einem Oberarmknochen gewisse Ähnlichkeiten zu dem entsprechenden Knochen eines Fischotters entdeckt und deswegen auf eine semiaquatische Lebensweise geschlossen. Allerdings ist die Form des Oberarmknochens ein denkbar schlechtes Argument, weil die meisten Säugetiere beim Schwimmen den Körper mit den Hinterbeinen und dem Schwanz vorwärtstreiben, die Vorderbeine aber anlegen. Die Skelettfunde aus Messel erlauben nun eine umfassendere Analyse. Am Schädel fällt auf, daß die Ansätze für die Nackenmuskulatur stark vergrößert sind. Ebenso ist der Dornfortsatz des Drehers, des zweiten Halswirbels, ungewöhnlich groß. Dieser Befund deutet auf eine besonders starke Nackenmuskulatur hin und paßt zu einem Schwimmer, der seinen Kopf stets nach oben hält. An der Schwanzwurzel tragen die Wirbel starke Querfortsätze, ähnlich wie beim Fischotter und ganz unterschiedlich etwa zum Fuchs. Auch hier ist eine starke Muskulatur zum kraftvollen Bewegen des Schwanzes zu rekonstruieren, wie sie nur zum Schwimmen benötigt wird. Schwimmhäute zwischen Fingern und Zehen wären ein eindeutiger Beweis, sind aber nicht überliefert. Sie lassen sich in der Regel auch nicht an der Form der Fingerknochen nachweisen.

In Messel sind gelegentlich sogar Mageninhalte überliefert, die bei der Rekonstruktion der Lebensweise wichtige Hinweise geben. Bei mehreren Individuen wurden Fischreste im Magen-Darm-Bereich gefunden, die für *Buxolestes* mit großer Sicherheit auf eine semiaquatische Lebensweise hindeuten. Deshalb bekam er den Artnamen *piscator*, der Fischer.

W. v. Koenigswald

BUXOLESTES PISCATOR
Staatliches Museum für Naturkunde Karlsruhe Me 464
Foto: S. Tränkner

Blatt einer Fiederpalme

Größe: etwa 50 cm.
Literatur: Schaarschmidt und Wilde 1986.

Palmen werden bei uns zu Recht gerne als Sinnbild für ein angenehm warmes Klima empfunden und sind deshalb in vielen Reiseprospekten abgebildet. Die Fossilgeschichte der Palmen, die offensichtlich schon immer ähnliche Klimaansprüche wie heute hatten, reicht bis in die Kreide, das heißt mehr als 80 Millionen Jahre zurück. So verwundert es kaum, daß sie während des alttertiären Klimahöhepunktes auch in unseren Breiten formenreich vertreten waren. In Messel konnten nicht nur – wie so oft – isolierte Pollenkörner, sondern auch Blüten und Früchte von Palmen in großer Zahl und wahrscheinlich mit einer Reihe von Arten nachgewiesen werden. Reste von ganzen Palmenblättern, wie das hier abgebildete Exemplar, gehören dagegen zu den Seltenheiten. Das ist dadurch bedingt, daß die Blätter bei den Palmen normalerweise nicht einzeln abgeworfen werden und deshalb zumeist an den Stämmen ansitzend verrotten. Mit Hilfe eines charakteristischen Zellmusters der Epidermis kann das abgebildete Blatt sogar mit den heutigen Rotang-Palmen verglichen werden, die sich besonders in den feuchten Tropen Südostasiens finden.

V. Wilde und F. Schaarschmidt

PALMENBLATT

Forschungsinstitut Senckenberg Frankfurt SM.B Me 3681
Foto: E. Haupt

FLÜGELFRUCHT EINES TROPISCHEN WALNUSSGEWÄCHSES

Wie sich bei der Untersuchung der vom Wind in den See eingetragenen und jetzt im Sediment verteilten Pollenkörner zeigte, spielte die Familie der Walnußgewächse (Juglandaceae) in der Umgebung des mitteleozänen Sees von Messel eine wichtige Rolle. Heute sind die Walnußgewächse eher in den gemäßigten Breiten der nördlichen Halbkugel zu finden; es gibt jedoch auch einige ausgesprochen tropische Vertreter, die auf Südostasien und Zentralamerika beschränkt sind. Dieser Verwandtschaftskreis wird in Messel schon durch das Vorkommen von charakteristischen Pollenkörnern angezeigt. Bei der näheren Untersuchung der Blätter und der Früchte wurde dann klar, daß diese Gruppe, zu der auch die abgebildete Flügelfrucht eindeutig zu stellen ist, gerade hier von besonderer Bedeutung war. Entsprechende Nachweise von Blättern, Früchten und Pollen liegen auch aus den nur wenig jüngeren Sedimenten des Maarsees von Eckfeld bei Manderscheid in der Eifel vor; Blätter und Früchte fehlen jedoch im Mitteleozän des Geiseltalgebietes. Hieraus ergeben sich wichtige Hinweise auf regionale Unterschiede in der Vegetation des mittleren Eozän in unserer unmittelbaren Umgebung.

V. Wilde und F. Schaarschmidt

Größe der Frucht: 5 cm.
Literatur: Manchester et al. 1994.

FLÜGELFRUCHT

Forschungsinstitut Senckenberg Frankfurt SM.B Me 8382
Foto: F. Schaarschmidt

POLLENKÖRNER IN EINER FOSSILEN BLÜTE

Im Vergleich zu Blättern und Früchten beziehungsweise Samen gehören Blüten eher zu den großen Seltenheiten unter den Pflanzenfossilien. Der Ölschiefer von Messel ist hingegen durch eine große Zahl von Blüten bekannt geworden, deren genauere Bestimmung bis heute oft noch aussteht. Da Gestalt und Skulptur der einzelnen Pollenkörner ein wichtiges systematisches Merkmal darstellen, kann es für die Bestimmung fossiler Blüten sehr nützlich sein, wenn sie noch Reste von Blütenstaub (Pollen) enthalten. Die hier abgebildeten, sehr markanten Pollenkörner stammen aus einer kleinen röhrenförmigen Blüte. Ihre auffällige Netz-Skulptur deutet mit der Gestalt der Blüte darauf hin, daß es sich bei der Mutterpflanze um eine mitteleozäne Verwandte der heutigen *Bougainvillea* (Familie Nyctaginaceae) gehandelt haben könnte.

Bei diesem Bild leuchten die in der Blüte erhaltenen Pollenkörner bei Bestrahlung mit ultraviolettem Licht hell auf. Diese Technik, die eine zerstörungsfreie Untersuchung ermöglicht, hat sich als eine große Hilfe bei der Untersuchung von Pflanzenfossilien aus der Grube Messel erwiesen.

V. Wilde und F. Schaarschmid

Durchmesser der einzelnen Pollenkörner: ca. 30 µm.
Literatur: Wilde und Schaarschmidt 1993.

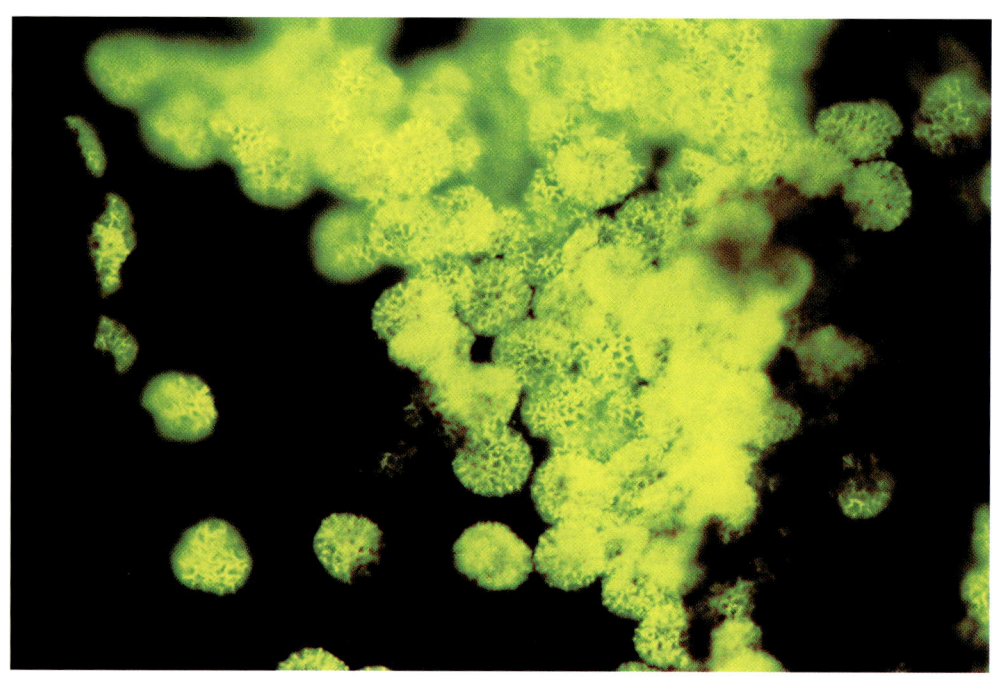

POLLENKÖRNER AUS EINER BLÜTE IN FLUORESZENZ

Forschungsinstitut Senckenberg
Frankfurt SM.B Me 7438
Foto: F. Schaarschmidt

KUTIKULA EINES LORBEERBLATTES

Die als Epidermis bezeichnete äußere Zellschicht von Laubblättern weist ein charakteristisches Muster von Zellen auf. Besonders typisch sind die häufig nur auf der Blattunterseite entwickelten, dem Gasaustausch dienenden Spaltöffnungen mit ihren Schließzellen und den sie umgebenden Nebenzellen. Hinzu kommen verschiedene Typen von »Haaren« (Trichome) und ihre spezialisierten Basiszellen. Die Epidermis ist außen in der Regel zusätzlich von einer chemisch sehr resistenten Schutzschicht, der sogenannten Kutikula, bedeckt, die das unterliegende Zellmuster nachzeichnet. Aufgrund ihrer besonderen Resistenz ist die Kutikula fossil erhaltungsfähig und kann bei vielen Blattresten isoliert und untersucht werden.

Die hier abgebildete, mit Hilfe eines Farbstoffes rot angefärbte Kutikula stammt von einem Blatt aus dem Ölschiefer von Messel. Das charakteristische Paar von Nebenzellen, das hier die Spaltöffnungen begleitet, deutet zusammen mit den kräftiger angefärbten, sternförmig erscheinenden Haarbasiszellen darauf hin, daß es sich um das Blatt eines Lorbeergewächses gehandelt hat. Reste von derartigen Blättern konnten übrigens aus dem Mageninhalt von Messeler Urpferden isoliert werden. Sie dienen damit als direkter Beweis für die schon früh geäußerte Annahme, daß diese Tiere im Gegensatz zu den heutigen Pferden noch Laubfresser waren.

V. Wilde und F. Schaarschmidt

Höhe des Bildausschnittes: ca. 0,3 mm..
Literatur: Wilde 1989.

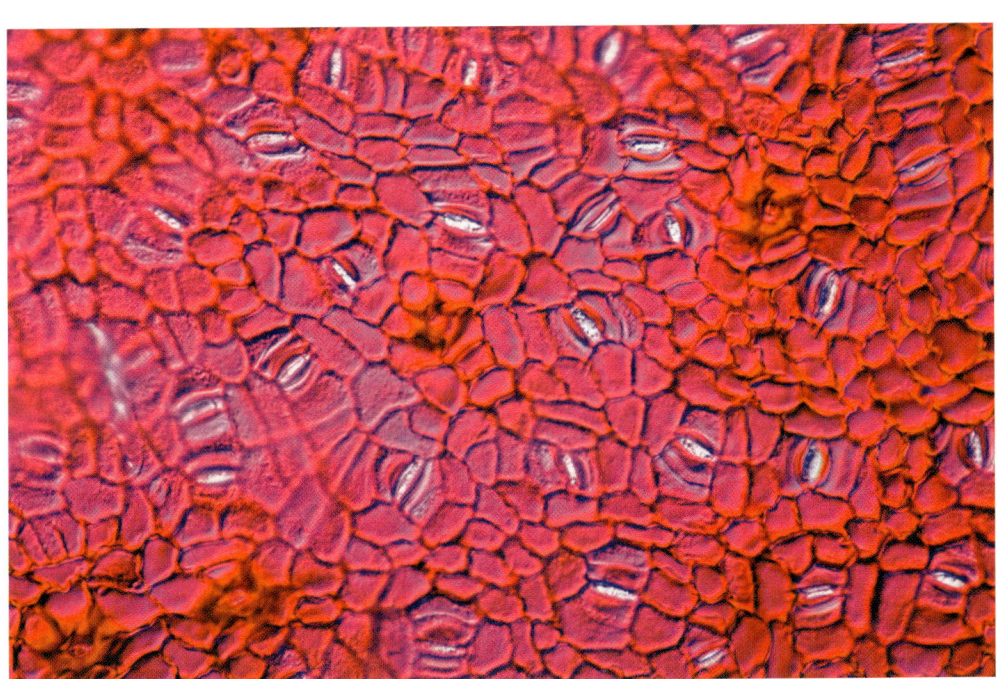

KUTIKULA IM
INTERFERENZKONTRAST
Forschungsinstitut Senckenberg
Frankfurt SM.B Me 1374
Foto: V. Wilde

EIN GROSSER AST

Länge des Astes: ca. 80 cm.

Der See von Messel war sicherlich von einem artenreichen Urwald umgeben, wie die vielen eingewehten Blätter und Blütenpollen zeigen. Daher sollte man in den Sedimenten eigentlich auch zahlreiche Baumstämme erwarten. Manche Rekonstruktionszeichnungen des Sees von Messel zeigen dementsprechend Stämme, die vom Ufer ins Wasser gestürzt sind.

Bei den Grabungen im Ölschiefer wurden allerdings bislang nur sehr selten Baumstämme oder größere Holzstücke gefunden. Selbst größere Äste, wie der hier abgebildete (die Platte mißt 35 x 60 cm), sind schon eine große Seltenheit. Dieser Befund verlangt nach einer plausiblen Erklärung.

In diesem Zusammenhang fällt auf, daß auch bei den Säugetieren alle großwüchsigen Formen fehlen. Die großen Raubtiere, die im Geiseltal gut überliefert sind, kommen in Messel überhaupt nicht vor, und von dem tapirartigen *Lophiodon* wurde in Messel nur ein einziges Jungtier gefunden. Im Geiseltal ist dieser große Pflanzenfresser dagegen besonders häufig vertreten.

Der Ölschiefer der Grube Messel repräsentiert nur den zentralen Teil des ehemaligen Sees, während die Uferzonen nicht überliefert wurden. Das reicht aber zur Erklärung allein nicht aus, weil schwimmende Stämme auch bis in den zentralen See gelangt und dort abgesunken sein dürften. Diese seltsame Auswahl ließe sich besser erklären, wenn die Vegetation der Uferregion wie eine Art Filter gewirkt hätte, die den Eintrag größerer Hölzer und Tierleichen verhinderte, kleinere Formen aber passieren ließ.

Damit wird auch in Messel deutlich, daß ein Fossilbericht die ehemalige Lebensgemeinschaft keineswegs vollständig widerspiegelt, sondern sie stets in irgendeiner Weise verzerrt. Das muß bei Interpretationen bedacht werden.

W. v. Koenigswald

AST EINES UNBESTIMMTEN BAUMES

Hessisches Landesmuseum Darmstadt Me 8010

Foto: W. Kumpf

DER MESSELER SALAMANDER

Länge des Tieres: 10 cm.
Literatur: Westphal 1980.

Salamander sind im europäischen Alttertiär sehr selten. Meist kennt man aus dieser Zeit nur isolierte Wirbel oder sehr unvollständig erhaltene Skelette.

Die Fossillagerstätte Messel bildet auch hier eine Ausnahme, denn sie hat ein recht vollständiges Exemplar eines Salamanders, *Chelotriton robustus*, geliefert. Leider ist es bisher der einzige Fund geblieben. Da das Skelett in Seitenlage eingebettet ist, sind sowohl die Wirbelsäule wie auch die Vorder- und Hinterbeine gut zu erkennen. Die Salamandergattung *Chelotriton* ist, wie auch verwandte Formen, durch starke Verknöcherungen charakterisiert. Dies betrifft nicht nur den Schädel mit seinen skulpturierten Bestandteilen, sondern auch horizontal liegende Knochenelemente auf der Spitze der Wirbelfortsätze. Bei dem Messeler Individuum sind sie durch die Sedimentauflast abgebrochen; sie liegen, bedingt durch den seitlichen Druck, auf den Seitenflächen der Wirbel.

Auch der Schädel ist seitlich zusammengedrückt; hierdurch sind aber beide Unterkiefer jeweils von der Innen- beziehungsweise Außenseite sichtbar. Auch der rechte Oberkiefer ist erhalten, so daß man erkennen kann, daß die Augenhöhle klein war, gerade ein bißchen größer als die Nasenöffnung.

Der Messeler Salamander gehört einer alten Stammeslinie an, die in Europa bis zum Ende des Pliozäns (vor etwa 2 Millionen Jahren) weit verbreitet war. Ihr plötzliches Verschwinden aus der fossilen Überlieferung bedeutet jedoch nicht, daß die Gattung *Chelotriton* zu diesem Zeitpunkt bereits ausgestorben war. Mit der Abkühlung zu Beginn des Eiszeitalters verschwand diese Gattung aus Europa zusammen mit anderen Amphibien – etwa dem Riesensalamander *Andrias* – und vielen Reptilien. Nur im Südosten Asiens fanden diese Formen geeignete Verhältnisse zum Überleben; hier existiert die Linie von *Chelotriton* noch heute mit den Gattungen *Tylototriton* und *Echinotriton*. Die Tiere dieser Gattungen zeigen einen geringeren Verknöcherungsgrad, der darauf schließen läßt, daß durch den weltweiten pleistozänen Temperatursturz sich die aktive Zeit im Jahresgang verkürzt und die Überwinterungszeit verlängert hat. Damit zeigen die auffallenden Verknöcherungen bei *Chelotriton* aus Messel einen ausgeglichenen Jahresgang mit milden Wintern an.

Z. Roček

CHELOTRITON ROBUSTUS

Sammlung M. Wuttke (Dauerleihgabe im
Forschungsinstitut Senckenberg Frankfurt)
Foto: S. Tränkner

LANDLEBENDE FRÖSCHE

Schädellänge: ca. 2.5 cm.
Literatur: Wuttke 1988, Keller und
Wuttke (im Druck).

Im Unterschied zu den sehr seltenen Wasserfröschen sind Landfrösche in Messel wesentlich häufiger gefunden worden. *Eopelobates wagneri* wurde bislang den Krötenfröschen zugerechnet, jedoch zeigen neuere Untersuchungen an französischem Material, daß diese Art unter Umständen der südamerikanischen Familie der Leptodactyliden angehört – ein weiterer Beleg für die Beziehungen der Messeler Fauna nach Südamerika.

Auch wenn wir die Lebensweise der Messeler Frösche nicht direkt beobachten können, so gibt uns doch das Skelett entscheidende Hinweise. Wie bei den heutigen landlebenden Fröschen ist der Schädel von *E. wagneri* außerordentlich stark verknöchert, auch weisen die Schädeldeckknochen eine ausgeprägte Skulpturierung auf ihrer Oberfläche auf. Die Knochen stützen sich hierbei gegenseitig ab, so daß der Schädel in sich außerordentlich verwindungssteif war, Voraussetzung für die Überwältigung relativ großer, kräftiger Beutetiere.

In Übereinstimmung mit dem generellen Trend bei landlebenden Fröschen zeigt auch die Messeler Art die Ausbildung einer kräftigen Nacken- und Rückenmuskulatur. Sie setzte im Bereich ausgeprägter Nackenkämme der hinteren Schädelknochen beziehungsweise an verlängerten Fortsätzen auf dem Dach der Wirbel an. Auch die Fortbewegungsweise läßt sich rekonstruieren: Bei *Eopelobates* waren die Unterschenkel länger als die Oberschenkel, an den zum sogenannten Coccyx verschmolzenen Schwanzwirbeln bestand rückenseitig ein Kamm als verbreitete Muskelansatzfläche, beides Hinweise auf eine springend-hüpfende Fortbewegung. Sie dürfte allerdings nicht so effektiv gewesen sein wie etwa bei unseren heutigen Grünfröschen (Ranidae). Hiergegen spricht unter anderem die Ausbildung der stark verbreiterten seitlichen Fortsätze des Beckenwirbels, die eine freie Beweglichkeit des Beckens beim Springen einschränkten. *E. wagneri* suchte den Messeler See lediglich zur Fortpflanzung auf, wie einige Exemplare mit Laicherhaltung und – am Skelett ablesbar – nur wenige, noch nicht geschlechtsreife Individuen belegen.

Leider ist über das Nahrungsspektrum dieser Frösche so gut wie nichts bekannt. Im Unterschied zu anderen Wirbeltiergruppen liegt aus Messel bislang erst ein Nachweis eines Frosch-Beutetieres vor, nämlich ein kleines Reptil oder ein Säugetier als Mageninhalt. Über die Ursachen läßt sich bislang nur spekulieren. In Frage kommt zum Beispiel, daß in der Fortpflanzungszeit keine Nahrung aufgenommen wurde, daß die bevorzugte Beute zu dieser Jahreszeit nicht zur Verfügung stand oder daß – wie aus heutigen Untersuchungen an Wirbeltieren bekannt ist – die Frösche durch im Wasser gelöste Gifte von Bakterien- oder Algenblüten allmählich vergiftet wurden, was vor dem Tod der Tiere zu einer Abgabe der Magen-Darm-Inhalte führte. *M. Wuttke*

WEIBCHEN VON *EOPELOBATES WAGNERI*
(Montage aus Platte und Gegenplatte)
Forschungsinstitut Senckenberg Frankfurt ME 1301a+b
Foto: E. Haupt und B. Simon

EINE FUSSLOSE SCHLEICHE

Länge des Schädels: ca. 21 mm.
Literatur: Sullivan et al. 1998.

Nicht jedes Tier, das wie eine Schlange aussieht, ist auch eine. Das hier abgebildete Fossil gehört einer Echse aus der Verwandtschaft der heutigen Blindschleiche an, die ebenfalls von vielen Zeitgenossen zu Unrecht als Schlange angesehen wird. Rumpf und Schwanz sind bei *Ophisauriscus quadrupes* durch die Vermehrung der Wirbel auf die beträchtliche Anzahl von insgesamt 150 extrem verlängert. Die Gesamtlänge des Skeletts beträgt etwa 25 cm.

Diese fossilen Schleichen weisen noch winzige Anhängsel von Vorder- und Hinterextremitäten auf, die aber keinen nennenswerten Beitrag zur Fortbewegung leisten konnten. Bei *Ophisauriscus* waren die hornigen Schuppen an der Außenseite des Körpers mit Knochentäfelchen unterlegt, die in der Haut sitzen und einen dicht schließenden, lückenlosen Panzer bilden. Auch der Schädel und hier insbesondere die flachen Knochen auf seiner Oberseite sind von Hautknochen überzogen, die an einigen Stellen Abdrücke ehemals vorhandener, auflagernder Hornschuppen aufweisen.

Noch heute existierende entfernte Verwandte der Messeler Schleichen versetzen uns in die Lage, die Biologie der fossilen Tiere besser zu verstehen. Für den Antrieb des Körpers sorgten kräftige seitliche Biegungen, die übrigens auch bei vielen mit gut entwickelten Extremitäten versehenen Reptilien eine wichtige Bewegungskomponente darstellen. Durch den Hautknochenpanzer war allerdings die Biegefähigkeit des Körpers insgesamt eingeschränkt. Deshalb ist anzunehmen, daß die Messeler Schleichen ausschließlich Bodenbewohner waren. Ohne eine zwischen der oberen und unteren Hautpanzerhälfte angelegte Dehnfuge in der Haut hätten die fossilen Schleichen kaum erfolgreich atmen, Nahrung aufnehmen und Eier entwickeln können. Die sehr kleinen Hautknochentäfelchen dieser häutigen Seitenfalte wurden auch bei *Ophisauriscus* gefunden.

Seit jeher werden heute lebende und auch fossile fußlose Schleichen der Alten und der Neuen Welt in einer einzigen Gattung zusammengefaßt (*Ophisaurus*). Die Messeler Funde zeigen nun, daß die Evolution des fußlosen Schleichentyps in Europa schon im ältesten Tertiär einen eigenen, unabhängigen Weg genommen hat und die Zusammenfassung der alt- und neuweltlichen Arten in einer einzigen Gattung nicht aufrechtzuerhalten ist.

Th. Keller

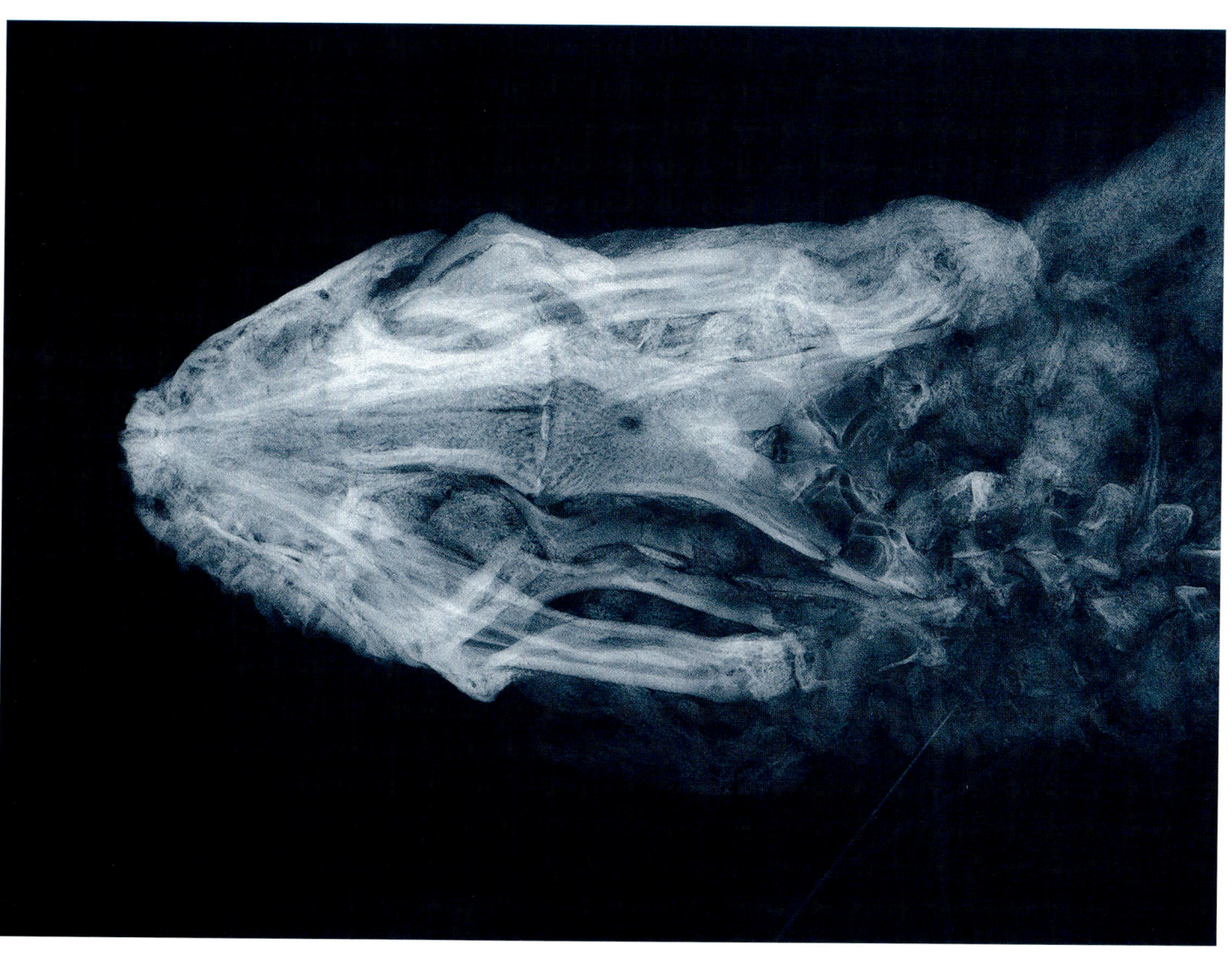

OPHISAURISCUS QUADRUPES
Sammlung M. Keller, Frankfurt
Röntgenbild: J. Habersetzer

BEUTELRATTE

Beuteltiere, wie die australischen Känguruhs, wird niemand in einem Fossil-bericht aus Europa erwarten. Dennoch hat es in Europa und Nordamerika für lange Abschnitte des Tertiärs sehr wohl Beuteltiere gegeben, allerdings nur in der weniger auffälligen Körperform der Beutelratten. Deswegen war es lediglich eine Frage der Zeit, wann man die erste Beutelratte bei den Grabungen in Messel finden würde. Zuerst erschien das ganz zarte Skelett eines Jungtieres, an dem gerade zwei wichtige Merkmale erkennbar waren, die Beutelknochen und die Zahl der Schneidezähne, die größer ist als bei allen anderen Säugetieren.

Inzwischen sind bessere Skelette hinzugekommen, die zumindest eine große Gattung (Amphiperatherium) und eine kleinere (Peradectes) belegen. Ihr generalisierter Körperbau macht es äußerst schwierig, sie einem bestimmten Lebensraum oder einer bestimmten Bewegungsweise zuzuordnen. Die rezente Beutelratte Nordamerikas, das Opossum, zeigt eindrücklich, daß Tiere mit einem derartigen Körperbau in der Lage sind, vielfältige ökologische Nischen auch ohne auffällige Sonderanpassungen zu nutzen.

Die paläogeographische Ausbreitung der Beuteltiere läßt sich aufgrund des Fossilberichtes gut rekonstruieren. Die ältesten Formen stammen aus der Kreide Nord- und Südamerikas. Von dort wechselten die Beutelratten zu Beginn des Eozäns nach Europa über, wo sie bis vor etwa 15 Millionen Jahren vorkamen. Auch in Nordamerika starben sie zu dieser Zeit aus. Von Südamerika aus wurde Australien über die damals noch eisfreie Antarktis besiedelt. In Australien entwickelten die Beuteltiere zahlreiche auffällige Großformen, von denen uns das Känguruh am besten bekannt ist. In Südamerika kam es im Tertiär zwar auch zu Sonderformen, aber sie starben wieder aus. Nur die unauffälligen Beutelratten überlebten und besiedelten vor etwa 3 Millionen Jahren sogar Nordamerika von neuem.

W. v. Koenigswald

Länge des Tieres mit Schwanz: 26 cm.
Literatur: Koenigswald und Storch 1988.

EINE KLEINE BEUTELRATTE

Hessisches Landesmuseum Darmstadt Me 8035
Foto: W. Kumpf

IGEL MIT WOLLIGEM FELL

Macrocranion tupaiodon gehört wie die beiden Arten *Pholidocerus hassiacus* und *Macrocranion tenerum* zu den Messeler Igelverwandten. Es ist ein schlankes Tier von ungefährt 30 cm Gesamtlänge, wovon knapp die Hälfte auf den Schwanz entfällt. Das kurze wollige Fell und der nackte Schwanz dürften ihm ein mäuseartiges Aussehen verliehen haben. Im Unterschied zu den beiden anderen Arten läßt *Macrocranion tupaiodon* keine defensiven Strukturen erkennen, sondern vertraute gegenüber Räubern wohl ausschließlich auf rasche, wendige Flucht. Auf schnelle, wenn nötig auch hüpfende Fortbewegung deuten die verlängerten Hinterbeine, insbesondere Schienbein und Mittelfuß, und kräftige Knochenleisten für die Beinmuskulatur hin. Auch die plumpen Endglieder von Händen und Füßen, die ursprünglich stumpfe hufartige Hornbedeckungen trugen, weisen in diese Richtung. Die Augenhöhlen sind sehr klein. Muskelgruben deuten auf eine bewegliche Nase hin, und an manchen Exemplaren sind große Ohrmuscheln und lange Tasthaare an der Schnauze zu erkennen. Insgesamt zeichnet sich also ein flinker Bodenbewohner mit scharfen Tast-, Geruchsund Gehörsinnen ab.

Die Magen-Darm-Inhalte weisen *Macrocranion tupaiodon* als Allesfresser aus, allerdings mit einer merkwürdigen Vorliebe für Fische. Da mit einiger Sicherheit auszuschließen ist, daß die Tiere ihrer Beute schwimmend und tauchend im offenen Wasser nachstellten, ist der Uferbereich des Messeler Sees mit seinen Pfützen und Tümpeln und der Chance, gestrandete tote Fische zu finden, als Jagdrevier wahrscheinlich. Zur ökologischen Bindung an das Gewässer mit vermehrten Gelegenheiten, in die Seesedimente zu gelangen, würde passen, daß die Art mit am häufigsten von allen Messeler Säugern gefunden wurde.

Die Messelfunde machen deutlich, daß die drei nahverwandten und ähnlich großen Igelartigen durch ihre unterschiedlichen biologischen Strategien die Vielfältigkeit des Ökosystems nutzen konnten.

G. Storch

Länge des Schädels: ca. 5 cm.
Literatur: Storch 1996.

MACROCRANION TUPAIODON
Forschungsinstitut Senckenberg Frankfurt ME 2691a
Foto: B. Simon

DER HÜPFENDE IGEL

Kopf-Rumpf-Länge: knapp 9 cm.
Literatur: Storch 1993b, 1996, Storch und
Richter 1994.

Säugetiere aus den älteren Abschnitten des Tertiärs werden gerne als primitiv, ja archaisch angesehen, und die kennzeichnende Vorsilbe »Ur-« liegt meistens nicht fern. Tatsächlich können sich diese frühen Säuger durch sehr ursprüngliche Gebißmerkmale auszeichnen. Sobald jedoch vollständig erhaltene Skelette bekannt wurden, wie man sie in Messel immer wieder gefunden hat, treten raffinierte biologische Strategien und auch extremes Spezialistentum deutlich zutage.

Macrocranion tenerum ist einer von drei Messeler Igelverwandten aus der Familie Amphilemuridae. Bemerkenswert an dieser Art ist, daß sie zwei grundsätzlich verschiedene Überlebensstrategien gegenüber räuberischen Feinden vereinigte, nämlich rasche, wendige Flucht und wirkungsvolle Schutzeinrichtungen. Es handelt sich um ein kleines, graziles Tier von knapp 9 cm Kopf-Rumpf-Länge; der Schwanz ist am abgebildeten Fossil abgebrochen, dürfte aber lang gewesen sein. Die Hinterbeine und die Mittelfußknochen sind enorm verlängert, und die Proportionen des Bewegungsapparats gleichen denen des Springhasen (*Pedetes*) unter heutigen Säugern, einem Nagetier, das sich in weiten zweifüßigen Fluchtsprüngen bewegt. Die vermutete wendige, gelegentlich auch zweibeinig-hüpfende Fortbewegungsmöglichkeit von *Macrocranion tenerum* dürfte ebenfalls zur Flucht und nicht zur Beutejagd gedient haben. Der Inhalt des Verdauungstrakts deutet auf eine mehr geruhsame Nahrungsaufnahme hin, da er sich aus Cuticulafragmenten sozialer Insekten, wahrscheinlich von Ameisen, zusammensetzt.

Die vorzüglich erhaltene Weichkörperkontur offenbart, daß *Macrocranion tenerum* ein Stachelkleid ähnlich unseren heutigen Igeln zur Feindabwehr trug. Solche defensiven Strukturen konnten sich hauptsächlich gegenüber kleinen Beutegreifern bewähren, und in der Tat sind alle aus Messel bekannten Raubtiere von geringer Körpergröße. In Betracht kommen aber auch Räuber unter den Insektenfressern und aus anderen Wirbeltiergruppen. *Macrocranion tenerum* konnte sich aber nicht wie heutige Igel zur Kugel einrollen; dem steht seine Fluchtstrategie in Form der extrem verlängerten Hinterbeine im Wege.

G. Storch

MACROCRANION TENERUM
Sammlung Behnke, Niederhöchstadt
Foto: S. Tränkner

DIE SCHÖNHEIT EINER WASSERLEICHE

In Messel sind viele Skelette von vierbeinigen Tieren in einer auffälligen Körperhaltung überliefert: Die Tiere liegen auf der Seite, und der Hals ist etwas nach hinten gekrümmt. Die Vorderbeine, wie auch die Hinterbeine, sind leicht angewinkelt und vor allem parallel zueinander angeordnet. Das gibt den Anschein, als ob diese Tiere ganz entspannt, wie im Schlaf, vom Tode überrascht worden seien.

Die Wirklichkeit ist aber viel prosaischer. Es ist die typische Haltung von Wasserleichen, also von Tieren, die ertrunken sind oder deren Leichen unmittelbar nach dem Tode ins Wasser gelangten. Nach dem Absinken der Kadaver dürfte eine leichte Wasserbewegung die Tierleiche in die stabile Seitenlage gewendet haben. Der Grund für die besondere Haltung von Armen und Beinen besteht darin, daß alle Muskeln, sowohl die Strecker wie die Beuger, völlig entspannt und nicht verkürzt sind. Deswegen sind die Gliedmaßen in einer lockeren Haltung angewinkelt. Da beide Arme ebenso wie beide Beine jeweils anatomisch gleich gebaut sind, ergibt sich deren parallele Einbettung.

Wenn entsprechende Tierleichen auf dem Land längere Zeit liegen bleiben, ohne daß sie von Raubtieren zerlegt werden, dann verlieren die Muskeln ihre Feuchtigkeit und verkürzen sich entsprechend. Da die eine Körperseite im Schatten auf der Erde, die andere aber in der Sonne liegt, führt die unterschiedliche Verkürzung der Muskeln zu starken Verzerrungen.

W. v. Koenigswald

Schädellänge: 4,3 cm.
Literatur: Koenigswald 1987.

MACROCRANION TUPAIODON
Forschungsinstitut Senckenberg Frankfurt ME 977b
Foto: E. Haupt

SPURTJÄGER MIT RÜSSEL

Aus Messel sind drei Arten der Gattung *Leptictidium* bekannt, die alle die gleichen auffälligen Körperproportionen und eine ungewöhnliche Kombination von Merkmalen aufweisen. Ihre Gebisse – besonders die Backenzähne – sind primitiv und noch wie bei manchen archaischen Säugern aus der Oberkreide gebaut. Dagegen ist der Bewegungsapparat hochspezialisiert, indem sehr kurzen Vorderbeinen verlängerte Hinterbeine und ein außerordentlich langer Schwanz gegenüberstehen. Dies läßt darauf schließen, daß sich die Tiere bei höherer Geschwindigkeit ausschließlich zweibeinig fortbewegt haben.

Magen-Darm-Inhalte weisen *Leptictidium nasutum* als einen Räuber aus, der kleine Reptilien, Säugetiere und größere Insekten jagte. Beides, zweibeinige Fortbewegung und räuberischer Nahrungserwerb, läßt sich nicht mit dem in Einklang bringen, was wir von heutigen Säugern wissen, und es eröffnet sich ein weiter Spielraum für die Rekonstruktion biologischer Strategien – selbst im Fall der überragenden Messeler Fossilerhaltung. Heutige bipede Säuger wie Känguruhs und Wüstenspringmäuse sind Pflanzenfresser und Bewohner von offenen Lebensräumen, wo sie mit raumgreifendem Hüpfen Feinden entkommen und die spärlich verteilte Nahrung erschließen können.

Leptictidium nasutum hingegen muß ein flinker Spurtjäger gewesen sein, doch wie hat er seine Beute verfolgt? Besonderheiten im Skelettbau wie die geringe Fixierung des Sprunggelenks zwischen Unterschenkel und Fuß, des Kreuzbein-Darmbein-Gelenks zwischen Becken und Wirbelsäule sowie die fehlende Versteifung des Kreuzbeins lassen auf einen wendigen, zweibeinigen Läufer schließen. Andererseits führen evolutionstheoretische und biomechanische Gesichtspunkte zur Annahme eines zweibeinigen Hüpfers, der zu kurzem, aber schnellem, wendigen Spurt befähigt war.

Leptictidium gehört zur archaischen Säuger-Ordnung Proteutheria. Die mittelgroße Art *L. nasutum* weist eine Gesamtlänge um 75 cm auf, wovon 60 Prozent auf den Schwanz entfallen. Der Artname nimmt Bezug auf eine rüsselförmig verlängerte Nase, die nach Muskelgruben in der Schnauzenregion zu fordern ist.

G. Storch

Länge des Tieres: 75 cm.
Literatur: Storch und Lister 1985, Maier et al. 1986, Koenigswald und Storch 1987.

LEPTICTIDIUM NASUTUM
Forschungsinstitut Senckenberg Frankfurt ME 1143
Foto: S. Tränkner

DER »HESSISCHE SCHUPPENSCHWANZ«

Pholidocercus hassiacus, der »Hessische Schuppenschwanz«, wurde 1983 wissenschaftlich beschrieben und als Angehöriger der Familie Amphilemuridae erkannt. Diese Familie war zuvor nur von Gebißresten her bekannt gewesen und wurde abwechselnd den Primaten und den Insektenfressern zugeordnet. Die ursprüngliche Namengebung *Amphilemur* – »beinahe ein Lemur« – läßt diese systematische Unsicherheit bereits verspüren. Die vorzüglich erhaltenen Messeler *Pholidocercus*-Funde lassen jetzt keinen Zweifel mehr daran, daß es sich bei den Amphilemuriden um Insektenfresser aus der Verwandtschaft der Igel handelt und übereinstimmende Gebißmerkmale mit Primaten unabhängig voneinander entstanden sind und lediglich auf die gleiche Ernährungsweise hindeuten.

Ähnlichkeiten von *Pholidocercus hassiacus* mit heutigen Igeln erstrecken sich selbst auf die Lebensweise, vor allem auf Überlebens- und Ernährungsstrategien. Der Schuppenschwanz war ein gedrungenes Tier von knapp 40 cm Gesamtlänge, wovon die Hälfte auf den Schwanz entfällt. Wie die heutigen Stacheligel vertraute er offensichtlich der Defensive und verließ sich auf einen wirkungsvollen, teilweise bizarr anmutenden Abwehrmechanismus. Der Schwanz steckt in einer Röhre aus Hautverknöcherungen in Form kleiner, einander dachziegelförmig überlappender Knochenschuppen. Das Rückenfell läßt lange steife Borsten erkennen, und auf der Stirn liegt ein scharf abgegrenztes Feld mit tiefen Gefäßrinnen, das offenbar von einer Hornplatte oder ledrigen Schwiele überdeckt war.

Die überlieferten Nahrungsreste aus dem Verdauungstrakt weisen den Schuppenschwanz als Allesfresser mit breitem Nahrungsspektrum aus. Insekten-Cuticulastücke bestimmen den tierischen Anteil, und lockere Speichergewebe, wahrscheinlich Teile von weichem Fruchtfleisch, sind besonders charakteristisch für die pflanzliche Komponente. Die Krallenglieder von Händen und Füßen sind tief gespalten zur Verankerung (fossil nicht erhaltener) kräftiger Hornkrallen; sie sprechen dafür, daß *Pholidocercus* als tüchtiger Scharrgräber am Urwaldboden nach Nahrung suchte.

G. Storch

Kopf-Rumpf-Länge: ca. 19 cm.
Literatur: Koenigswald und Storch 1983, Storch und Richter 1994, Storch 1996.

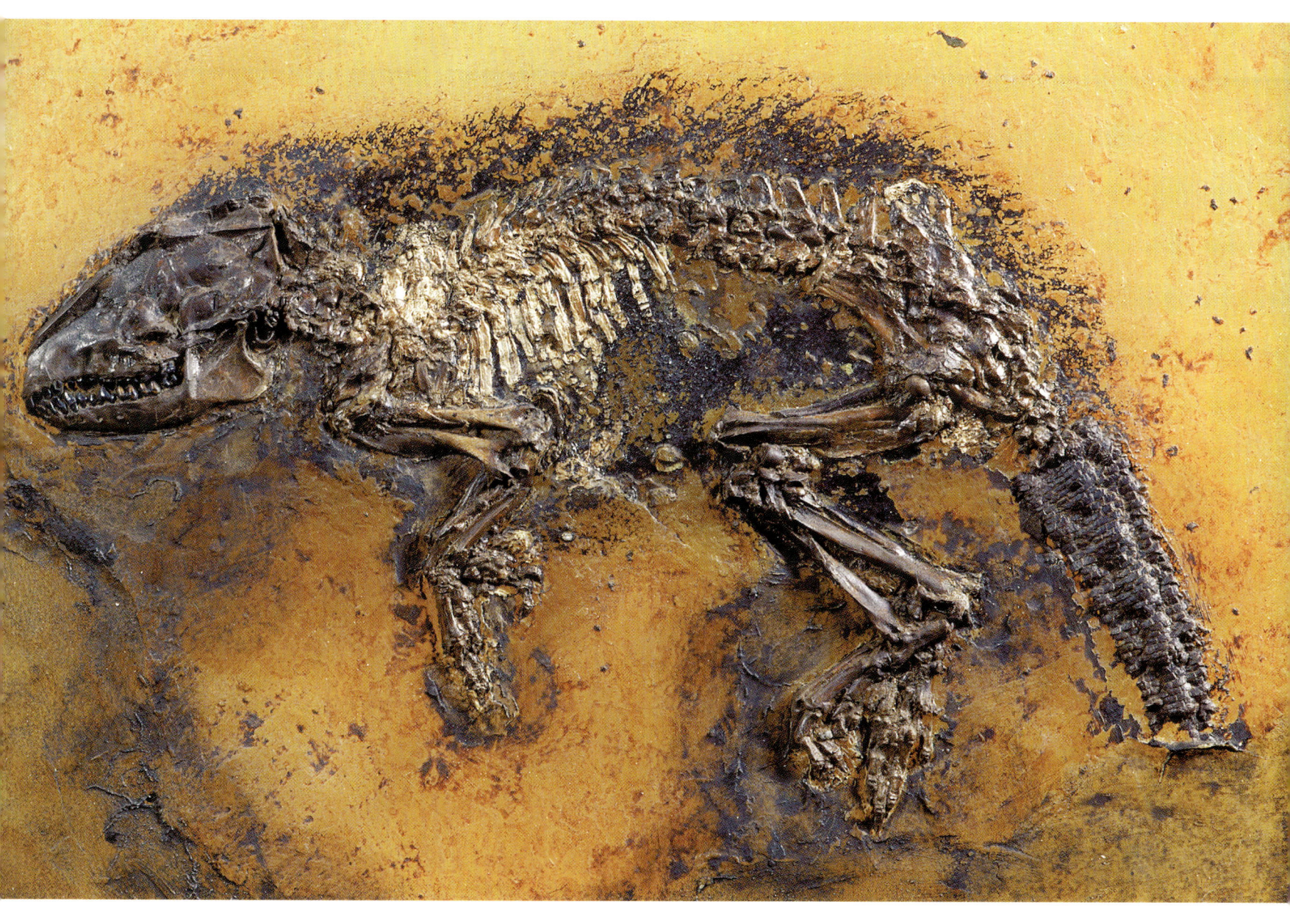

EIN URRAUBTIER MIT BUSCHIGEM SCHWANZ

Länge des Tieres: ca. 43 cm.
Literatur: Springhorn 1980, 1982.

In den meisten fossilen Faunen sind Raubtiere seltener als Pflanzenfresser. Auch in Messel sind sie eine große Seltenheit. Aber mehr noch, alle sieben bis jetzt gefundenen Individuen sind Jungtiere, die noch ihre Milchzähne tragen. Sie gehören zu vier verschiedenen Arten, die alle nur klein bis mittelgroß sind. Nicht nur die ausgewachsenen Tiere dieser Arten fehlen bis jetzt, sondern auch großwüchsige Raubtiere, die in anderen etwa gleich alten Fundstellen regelmäßig belegt sind. Dies ist eine Besonderheit der Fossillagerstätte Messel, deren Ursache bislang nicht geklärt werden konnte.

Abgebildet ist ein besonders schönes Raubtier aus Messel, das gerade wissenschaftlich bearbeitet wird und deswegen noch keinen Namen hat. Es gehört zu den Creodonta (Urraubtiere), einer ausgestorbenen Raubtiergruppe, die nicht mit den uns bekannten Carnivora (echte Raubtiere) verwandt ist. Als Besonderheit zeigt dieses Skelett den Schatten eines buschigen Schwanzes, der bisher noch nie für einen Vertreter der Creodonta nachgewiesen werden konnte, aber bei vielen modernen Raubtieren vorhanden ist. Nach den Proportionen des Skelettes zu urteilen, lebte dieses Tier am Boden; dort suchte es vor allem nach Insekten, kleinen Wirbeltieren und vielleicht auch Früchten. Viele unserer kleinen Raubtiere, wie etwa Marder, sind keine reinen Fleischfresser, wenn andere Nahrung leichter zu bekommen ist.

M. Morlo

NOCH UNBENANNTES URRAUBTIER
Sammlung Behnke, Niederhöchstadt
Foto: S. Tränkner

EIN RIESENLAUFVOGEL

In einer aufgebrochenen Gesteinsknolle, die noch während der Bergbauzeit in Messel gefunden wurde, zeichnete sich ein Knochen ab. Der aufgerissene Knochen war aber zu weich und das umgebende Gestein zu hart, so daß der Knochen nicht herauspräpariert werden konnte. Deswegen wurde ein anderer Weg der Präparation gewählt: Man schabte das ganze Knochenmaterial heraus und nutzte den im Gestein verbliebenen Abdruck als natürliche Form für einen Abguß.

Der auf diese Weise rekonstruierte Knochen zeigt einen abgespreizten Gelenkkopf, wie er für den Oberschenkelknochen, das Femur, charakteristisch ist. Das untere Gelenk paßt zu keinem Säugetier und auch zu keinem Krokodil, dem man diesen Knochen zunächst zuschreiben wollte. Tatsächlich stammt das Femur trotz seiner Länge von 29 cm von einem Vogel, dem großen Laufvogel *Diatryma.* Es ist der bisher einzige Beleg für diese Gattung in Messel. *Diatryma* ist mit weit besseren Funden, sogar einem vollständigen Skelett, aus dem Eozän von Wyoming in Nordamerika belegt. Die sehr kräftig gebaute *Diatryma* hatte reduzierte Flügel und war deswegen flugunfähig. Der auffallend hohe Schnabel läßt auf ein sehr kraftvolles Zubeißen schließen. *Diatryma* wird deswegen als ein räuberischer Laufvogel angesehen, der auf kleinere Wirbeltiere Jagd gemacht hat. Mehrfach in der Erdgeschichte hat es große bodenlebende Raubvögel gegeben, die die Nische, die normalerweise großen Säugetieren vorbehalten ist, besetzten.

Diatryma ist ein eindrucksvoller Beleg dafür, daß zu Beginn des Eozäns ein intensiver Faunenaustausch mit Nordamerika stattgefunden hat. Die Landverbindung lag zwischen Skandinavien und Grönland, wo zu dieser Zeit die nordamerikanische und die europäische Platte noch nicht getrennt waren. Außer in Messel ist *Diatryma* für das europäische Eozän auch im Geiseltal bei Halle und in Frankreich nachgewiesen worden.

W. v. Koenigswald

Länge des Knochens: 29 cm.
Literatur: Berg 1965.

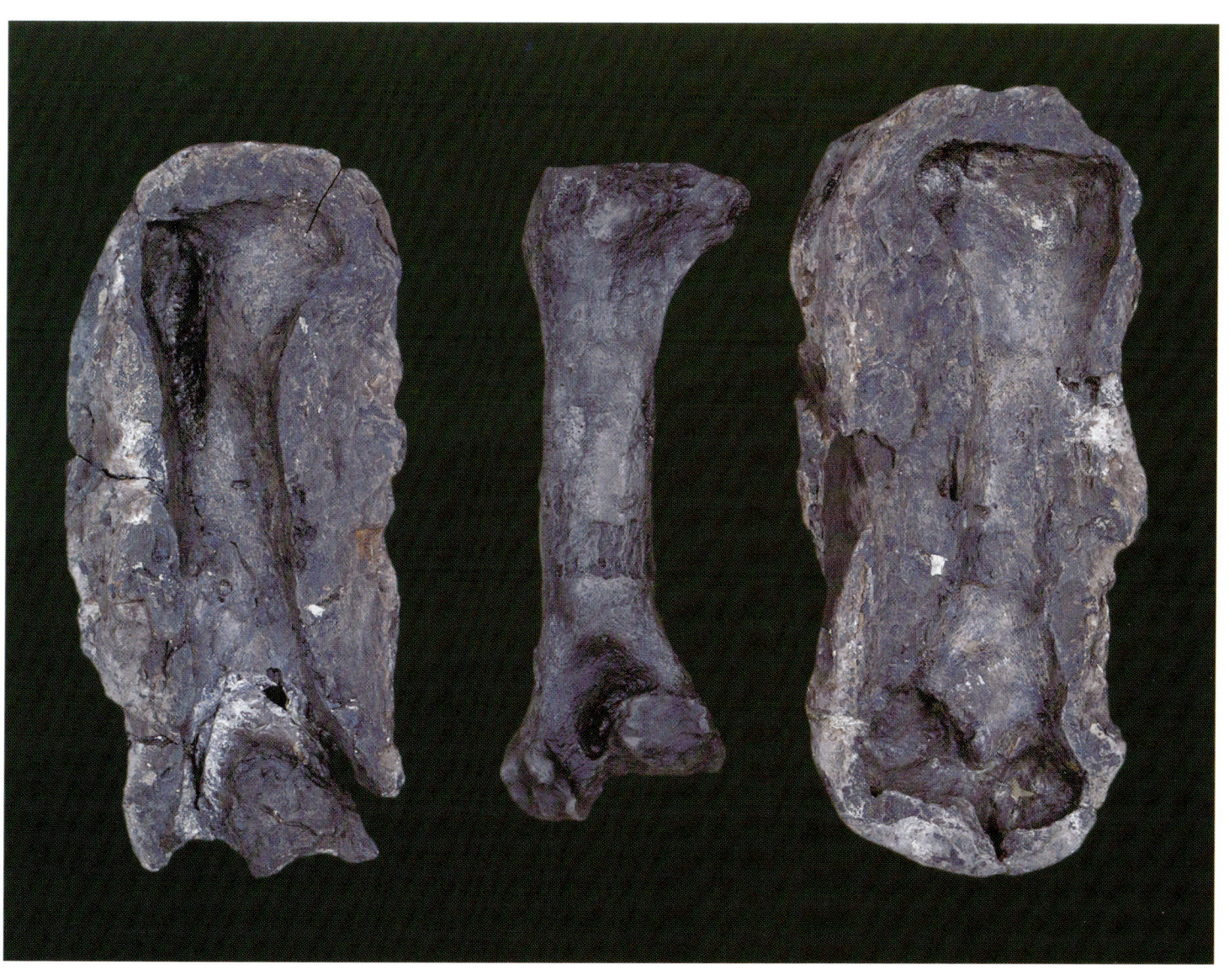

AUSGUSS DES OBERSCHENKELKNOCHENS
VON DIATRYMA SP.

Hessisches Landesmuseum Darmstadt Me 6116
Foto: W. Kumpf

DER URTAPIR HYRACHYUS

Der hervorragend erhaltene und präparierte Privatsammlerfund stellt das einzige Skelett dieser Gattung aus Europa dar. Es war der erste bedeutende Fund aus der Grube Messel, nachdem der Bergbaubetrieb stillgelegt und bevor die wissenschaftlichen Grabungen wieder aufgenommen worden waren. Der Knochenbau ähnelt so sehr demjenigen der Urpferdchen, daß es zunächst überall in den Medien als neues Urpferd aus Messel bekanntgemacht und den großen Museen der Welt zum Kauf angeboten wurde. Erst später erkannte man, daß es sich in Wirklichkeit nicht um ein Urpferd, sondern um einen Vertreter der Helaletiden, einer schon lange ausgestorbenen Familie von Unpaarhufern, handelt. Die Unterschiede liegen hauptsächlich im Bereich des Gebisses, das in manchen Merkmalen demjenigen von Tapiren und Nashörnern entspricht. Deshalb werden die Helaletiden in die Nähe des stammesgeschichtlichen Ursprungs dieser beiden heute noch vertretenen Überfamilien gestellt. Der Schädel ist noch sehr ursprünglich gebaut und verfügt weder über Hornansätze auf den Nasenbeinen wie bei den Nashörnern noch über einen tiefen Naseneinschnitt, wie dies bei den Tapiren der Fall ist.

J. L. Franzen

Länge des Tieres: ca. 125 cm.
Literatur: Franzen 1981.

HYRACHYUS MINIMUS
Hessisches Landesmuseum Darmstadt
Me 16000 (Foto nach Abguß SMF Z 0116)
Foto: E. Haupt

Das Urpferd von Messel

Schädellänge: ca. 12 cm.
Literatur: Franzen 1984.

In Messel kommen zwei nahe verwandte Urpferde von unterschiedlicher Körpergröße vor. Die kleinere Art, *Propalaeotherium parvulum*, entsprach mit einer Schulterhöhe von 30–35 cm etwa einem Foxterrier, während das größere *Propalaeotherium hassiacum* mit einer Schulterhöhe von 55–60 cm etwa einem Deutschen Schäferhund glich. Stammesgeschichtlich repräsentieren die Messeler Urpferde zusammen mit anderen Funden aus Europa einen frühen Seitenast des Pferdestammbaums, während die Hauptlinie sich in Nordamerika entfaltete. Immer wieder kam es von dort zu Einwanderungen in die Alte Welt. So erschien zu Beginn des Miozäns, vor rund 20 Millionen Jahren, die Gattung *Anchitherium*, während gegen Ende des Miozäns, vor elf beziehungsweise acht Millionen Jahren, die Gattungen *Hippotherium* und *Hipparion* einwanderten. Zu Beginn des Eiszeitalters, vor knapp zwei Millionen Jahren, tauchte schließlich die Gattung *Equus* auf. Am Ende des Eiszeitalters, vor rund 10 000 Jahren, überlebte die Gattung *Equus* in Eurasien, wohingegen sie in ihrer Urheimat, Nordamerika, ausstarb. Erst die spanischen Konquistadoren brachten im 16. und 17. Jahrhundert die Pferde nach Nordamerika zurück, was zunächst ein Aufblühen der Indianerkulturen zur Folge hatte.

Dieses Fundstück aus den Grabungen des Staatlichen Museums für Naturkunde in Karlsruhe stellt nur einen von rund 40 Skelettfunden der kleinen Urpferdart, *Propalaeotherium parvulum*, aus Messel dar. Es bietet aber eine Information besonderer Art. Hatten die Urpferde vor rund 50 Millionen Jahren ähnlich kurze Ohren wie heutige Pferde, oder handelte es sich um Langohren wie die heutigen Esel? Der Karlsruher Fund zeigt es eindeutig: Die Ohren waren ähnlich klein wie bei den heutigen Pferden – eine Information, die wir in Messel der Aktivität von Bakterien verdanken.

Im übrigen ähnelten die Messeler Urpferdchen mit ihrem gekrümmten Rücken und dem kurzen Hals eher heutigen Ducker-Antilopen als Pferden.

J. L. Franzen

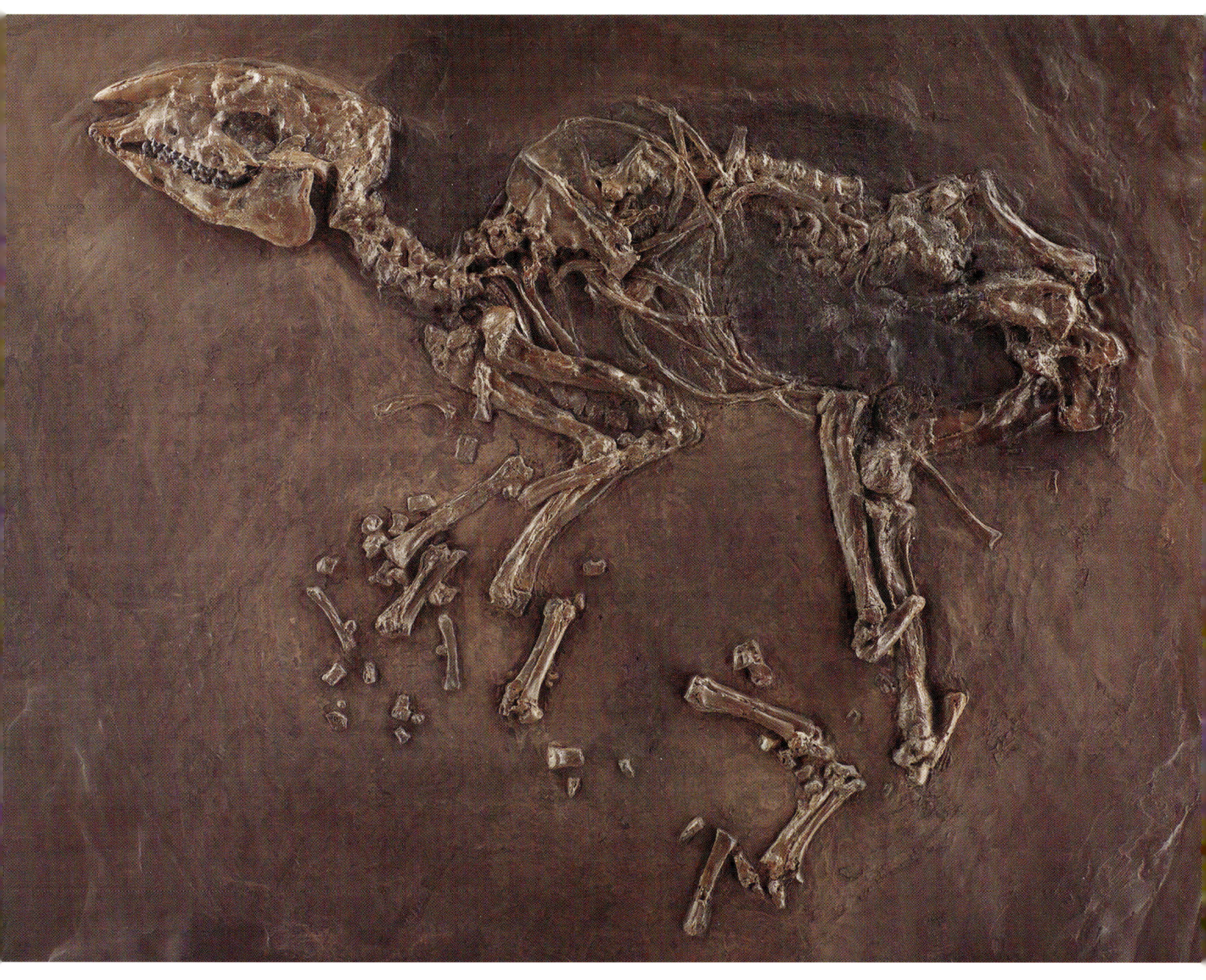

PROPALAEOTHERIUM PARVULUM
Staatliches Museum für Naturkunde Karlsruhe Me 693
Foto: S. Tränkner

URPFERDE
Ernährung, Verdauung und Evolution

Die sogenannte Pferdereihe ist seit dem 19. Jahrhundert das Paradebeispiel der Paläontologie für die Evolution der Organismen. Eine dichte Folge relativ vollständiger Skelettfunde belegt die stammesgeschichtliche Entwicklung dieser Tiere fast filmartig. Schon 1875 hatte der russische Säugetierpaläontologe Wladimir Kowalevsky die Evolution der Pferde mit einem Wechsel von Lebensraum und Ernährungsweise in Verbindung gebracht, von ursprünglich allesfressenden Urwaldbewohnern zu den grasfressenden Steppen-Savannen-Tieren unserer Tage. Fünfzig Jahre später änderte der amerikanische Erforscher fossiler Pferde, William Diller Matthew, diese Hypothese dahingehend, daß die frühen Urpferdchen nicht Allesfresser, sondern laubäsend gewesen seien.

Tatsächlich wandelten sich die Backenzähne der Pferde von niederkronig/einfach zu hochkronig/kompliziert, als sich zu Beginn des Miozäns erstmalig offene Grasländer auf Kosten ursprünglich vorherrschender Urwälder ausbreiteten. Während die heutigen Pferde bekanntermaßen Grasfresser sind, lieferte die Grube Messel erstmals auch Belege für den ersten Teil dieser Hypothese: Es stellte sich heraus, daß Matthew recht hatte, denn der Verdauungstrakt der zahlreichen Urpferde war hauptsächlich von Laubblättern gefüllt. Hinzu kamen Weintraubenkerne; also taten sich die Urpferde gelegentlich auch an Früchten gütlich. Darüber hinaus verfügten diese Urpferdchen bereits über einen umfangreichen Blinddarm, in dem die Verdauung zellulosereicher Blätter mit Hilfe von Bakterien erfolgte. Dies war eine sehr wichtige Erkenntnis an den Messelfunden, denn hochkronige Zähne hätten den Pferden beim Übergang zur Grasnahrung gar nichts genützt, wenn sie nicht bereits in der Lage gewesen wären, zellulosereiche Nahrung aufzuschließen.

J. L. Franzen

Schulterhöhe (Stockmaß): 30 cm.
Literatur: Franzen 1984.

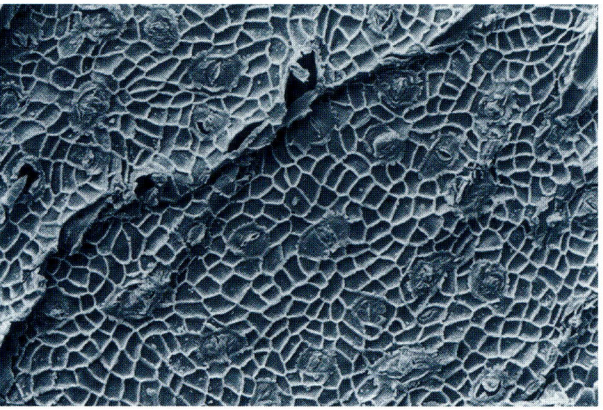

BLATT-KUTIKULA AUS DEM
MAGENINHALT
Forschungsinstitut Senckenberg Frankfurt
Foto: G. Richter

PROPALAEOTHERIUM PARVULUM
Forschungsinstitut Senckenberg Frankfurt ME 1285
Foto: E. Haupt

STUTE VOM URPFERD

Bei der Präparation dieses Pferdchens fanden sich im Hinterleib zahlreiche kleine Knochen. Hier handelt es sich nicht um einen Mageninhalt, sondern um einen Fötus im Mutterticr. Die geordneten Gliedmaßen sind zu erkennen, sogar die winzigen Hufe. Im stark zerdrückten Schädelbereich sind schon die Milchzähne ausgebildet.

Auch wenn der Nachweis von trächtigen Muttertieren im Fossilbericht nur selten gelingt, ist diese Art der Fortpflanzung bei Säugetieren eine Selbstverständlichkeit. Unter den vielen Skeletten des kleinen Urpferdchens *Propalaeotherium parvulum* aus Messel gibt es mehrere tragende Stuten. Sie haben alle nur einen einzigen Fötus und nicht etwa eine Vielzahl von Föten, wie dies bei den rezenten Raubtieren oder Schweinen üblich ist.

Wenn moderne Pferde nur einen Embryo austragen, dann paßt das vorzüglich zu ihrer natürlichen Lebensweise. Denn in der offenen Landschaft muß das neu geborene Jungtier unmittelbar nach der Geburt bereits den anderen Tieren in der schnell weiterziehenden Herde folgen können. Bestanden diese Anforderungen aber auch schon für die Urpferdchen aus Messel? Sie lebten in kleinen Gruppen im Urwald und waren sicher recht ortstreu. In diesem Lebensraum hätten die kleinen Urpferdchen auch eine größere Zahl von Jungtieren über längere Zeit aufziehen können, wie es ursprüngliche Säugetiere tun. Offensichtlich haben sich die kleinen Pferdchen in ihrer Fortpflanzung jedoch schon sehr früh auf die sogenannte »r-Strategie« festgelegt, das heißt, daß nur ein einziges Jungtier oder manchmal ein Zwillingspaar geboren wird. Das hat den Vorteil, daß diesem Jungtier weit mehr Fürsorge und Schutz zuteil wird. Die alternative Möglichkeit, die sogenannte »K-Strategie«, setzt auf eine Vielzahl von Jungtieren, von denen zumindest eines die Chance haben sollte, Räubern oder anderen Gefahren zu entgehen. Beide Strategien haben ihre Vorzüge. Das wirft die Frage auf, ob die Fortpflanzungsstrategie vom Lebensraum bestimmt oder bereits früh angelegt wird und erst bei einem späteren Biotopwechsel den entscheidenden Selektionsvorteil bringt.

Wegen des viel zu unvollständigen Fossilberichtes kann der Paläontologe kaum zu einer Klärung derartiger Fragen beitragen. Nur Messel liefert hier mit seiner ungewöhnlichen Fossilüberlieferung ganz konkrete Anhaltspunkte.

W. v. Koenigswald

Länge des Fötus: ca. 12 cm.
Literatur: Koenigswald 1987.

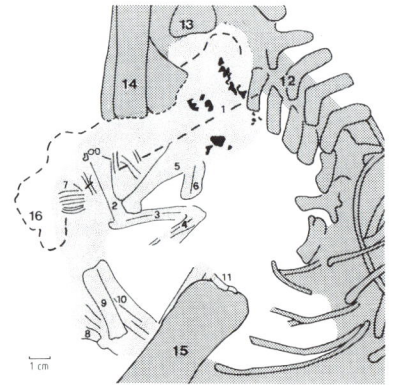

AUSSCHNITT AUS DER HINTERLEIBSREGION

Zeichnung W. v. Koenigswald
Knochen des Fötus: 1 Schädelbereich mit Zahnkeimen, 2 Rechter Oberarm, 3 Rechter Unterarm, 4 Rechte Mittelhand, 5 Linker Unterarm, 6 Linke Mittelhand, 7 Brustkorb, 8 Becken, 9 Rechter Oberschenkel, 10 Rechtes Schienbein, 11 Rechter Mittelfuß mit Hufen.
Knochen des Muttertieres: 12 Lendenwirbel, 13 Becken, 14 Rechter Oberschenkel, 15 Rechtes Schienbein, 16 Lage des entfernten Oberschenkels.

PROPALAEOTHERIUM PARVULUM MIT FÖTUS
IM MUTTERLEIB

Hessisches Landesmuseum Darmstadt Me 8989
Foto: W. Kumpf

Ein leichtfüssiger Paarhufer

Länge des Tieres: 65 cm.
Literatur: Franzen 1981a.

Messelobunodon schaeferi ist bislang nur aus Messel bekannt geworden. Es handelt sich um das vollständige Skelett eines frühen Paarhufers. Paarhufer sind in der heutigen Säugetierfauna mit Schweinen, Flußpferden, Kamelen, Giraffen, Hirschartigen, Antilopen, Schafen, Ziegen und Rindern reichlich vertreten. Allen Paarhufern ist, so verschieden sie sonst auch sein mögen, ein doppeltes Scharnier im Fußgelenk gemeinsam. Dies ist mit einer paarigen Anzahl von Hufen verknüpft. Diese Merkmale treten bereits vor rund 50 Millionen Jahren bei *Messelobunodon* auf. Im Unterschied zu allen heutigen Paarhufern verfügte *Messelobunodon* aber noch über einen langen Schwanz aus 24 Wirbelkörpern; außerdem waren die Backenzähne noch sehr niederkronig. Ihr Kauflächenmuster war einfach und baute sich aus einzelnen Höckerchen auf. Bei *Messelobunodon schaeferi* ließen sich sogar noch Überreste der Nahrung im Bereich des Verdauungstraktes nachweisen. Demnach hat sich dieses Tier kurz vor seinem Tode hauptsächlich von Pilzen ernährt. Dieser Befund paßt gut zum langgestreckten Schädel, der sicherlich mit einem vorzüglichen Riechorgan ausgestattet war. *Messelobunodon* dürfte als Einzelgänger im Unterholz des Regenwaldes in der Umgebung des eozänen Messelsees gelebt haben. Ein schlanker Körperbau mit langen Hinterextremitäten befähigte diese Tiere auf der Flucht zu weiten Sätzen. In Notsituationen können die kräftigen, hufbewehrten Beine auch der Abwehr von Feinden gedient haben.

J. L. Franzen

MESSELOBUNODON SCHAEFERI
Forschungsinstitut Senckenberg Frankfurt ME 510
Foto: E. Haupt

IMPONIEREN MIT SCHARFEN ZÄHNEN

Länge des Tieres: ca. 45 cm.
Literatur: Tobien 1980, 1985.

Von dem Paarhufer *Masillabune martini* ist in der Grube Messel bisher nur ein einziges Exemplar entdeckt worden. Sein Name leitet sich ab von der alten Bezeichung »Masilla« für Messel im Lorscher Kodex aus dem Jahre 800 und dem griechischen Wort *bunos* für Hügel. Damit hat Professor Tobien, der das Skelett 1980 wissenschaftlich bearbeitete, auf die einspitzigen unteren Vorbackenzähne von *Masillabune* angespielt.

Masillabune gehört in die Verwandtschaft der Kohlenschweine (Anthracotherien), die als entfernte Vorfahren der heutigen Flußpferde Bewohner sumpfiger Lebensräume waren und daher häufig in kohligen Ablagerungen gefunden werden. Im Oberkiefer fällt der große Eckzahn auf, dem im Unterkiefer ein eckzahnförmiger Vorbackenzahn entspricht. Vergrößerte Eckzähne zum Imponieren und als Verteidigungswaffen findet man häufig bei kleinen, geweihlosen Paarhufern, wie zum Beispiel dem heutigen Moschustier aus Südostasien. Das Skelett stammt von einem noch nicht voll ausgewachsenen Tier, was man am relativ geringen Mineralisierungsgrad der Knochen ablesen kann. Durch die Last des überlagernden Ölschiefers sind die Knochen stark zerdrückt.

Im Gegensatz zum zweiten in Messel vorkommenden Paarhufer, *Messelobunodon,* hat *Masillabune* kürzere Unterschenkel und ist insgesamt stämmiger gebaut – ein Hinweis auf eine weniger flinke Fortbewegungsweise. Untersuchungen des Mageninhalts lassen darauf schließen, daß *Masillabune* seine Nahrung in der Kraut- und Strauchschicht und nicht direkt am Waldboden gesucht hat, wie es für *Messelobunodon* angenommen wird.

Über dem Rücken und am Schwanz liegen zwei Kotballen (Koprolithen) von Krokodilen.

Th. Martin

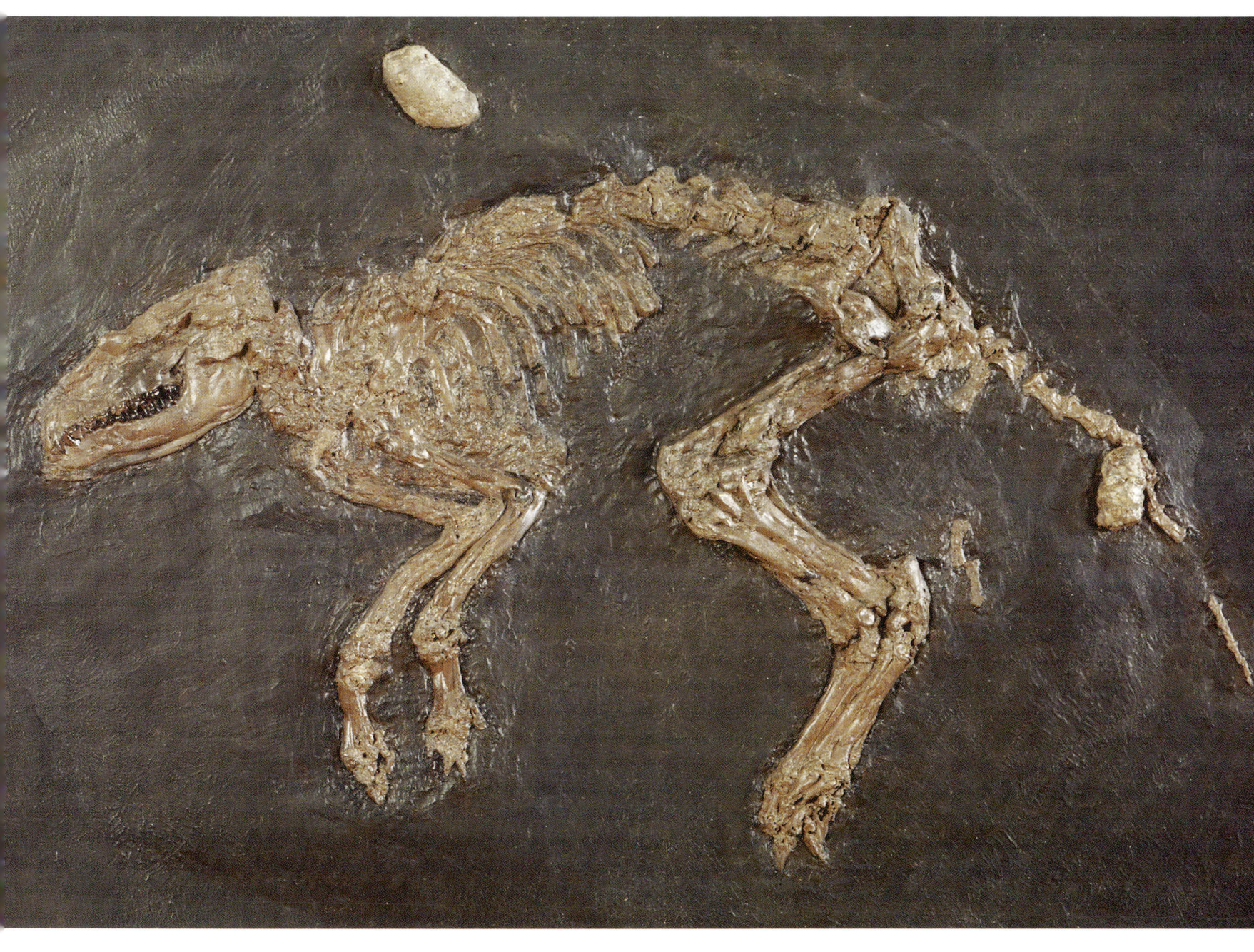

MASILLABUNE MARTINI
Sammlung Dr. Th. Martin (Dauerleihgabe im Hessischen
Landesmuseum Darmstadt)
Foto: W. Kumpf

SCHUPPENTIERE

Länge des Tieres: 50 cm.
Literatur: Storch 1978a, 1978b,
Koenigswald et al. 1981.

Die Messeler Funde von *Eomanis* sind die ältesten und zugleich am vollständigsten erhaltenen fossilen Schuppentiere. Sie tragen wesentlich zum exotischen Ambiente der Messeler Tierwelt bei. Die heutigen Schuppen- oder Tannenzapfentiere sind in den Tropen Afrikas und Südostasiens verbreitet, und die ungewöhnliche Mischung von Primitivmerkmalen mit teilweise bizarren Spezialisierungen läßt sie unter Säugetieren isoliert erscheinen.

Eomanis waldi war ein kleines, nur halbmeterlanges Tier, das von etwa einem Dutzend Funden aus Messel bekannt ist. Daneben existierte mit *Eomanis krebsi* eine zweite, um etwa ein Drittel größere Art, von der jedoch nur ein einziges Exemplar gefunden worden ist. Das gleichzeitige Vorkommen habituell sehr ähnlicher Arten unterschiedlicher Körpergröße ist aus Messel auch von zahlreichen anderen Säugetiergattungen bekannt.

Eomanis waldi weist bereits die Schlüsselmerkmale der heutigen Schuppentiere auf, die mit der Nahrung – vor allem Ameisen und Termiten – und dem Nahrungserwerb – dem Aufbrechen der Insektenbauten – in Verbindung stehen. Es ist zum völligen Zahnverlust gekommen, und die Unterkiefer stellen dünne, gestreckte Knochenspangen dar; offensichtlich wurden wie bei den heutigen Schuppentieren die Insekten mit der langen klebrigen Zunge aufgenommen. Die Vorderextremitäten sind zu kräftigen Grabhacken umgebildet, und der Mittelfinger mit seiner starken Kralle dominiert die Hand. An einem Fund ließen sich sogar die namengebenden Hornschuppen nachweisen. Diese Körperbedeckung mit dachziegelartig übereinanderliegenden Hornschuppen ist einmalig unter Säugern und stellt eine wirkungsvolle Schutzeinrichtung der wenig wehrhaften und ziemlich schwerfälligen Tiere dar. Auf den Besitz eines (nicht mehr erhaltenen) Schuppenpanzers weist auch die für Säuger ungewöhnliche dorsoventrale Einbettung im Ölschiefer hin; die anderen Säuger, mit Ausnahme der Fledermäuse, sind gewöhnlich in Seitenlage überliefert.

G. Storch

EOMANIS WALDI
Forschungsinstitut Senckenberg Frankfurt 83/3 (Abguß)
Foto: S. Tränkner

Ein Schädel und 197 Wirbel

Gesamtlänge: über 50 cm.
Literatur: Schaal 1988.

Die geringe Strömung im eozänen Messelsee war vorteilhaft für die Erhaltung herabsinkender Tierkadaver. Leichte Wasserbewegungen im oberen Bereich des Wasserkörpers und stagnierendes Wasser in Bodennähe ermöglichten Erstaunliches: Die Messeler Schlangenfossilien können vom Schädel bis zum letzten Schwanzwirbel überliefert sein. Oft sind Dutzende von Wirbeln im Verbund erhalten, und im Falle des abgebildeten Fossils sind sie, trotz der Auflast überlagernder Sedimente, kaum verdrückt. Mit über hundert Funden bilden die Schlangen den größten Anteil der Messeler Reptilienfauna.

Vollständige und artikulierte Skelette sind attraktiv, wobei jedoch gerade durch den Verbund der Wirbel die Bestimmung erschwert wird. Wichtige Merkmale, wie Formen der Wirbelfortsätze und Gelenkflächen, sind verdeckt. Sie sind für die Bestimmung notwendig, da fossile Schlangen weltweit in den meisten Fundstätten nur durch einzelne Wirbel, also ohne die fragilen Schädel-knochen, nachgewiesen sind.

Die in Messel am häufigsten überlieferten Schlangen gehören zu den Riesenschlangen, die seit der oberen Kreide, vor etwa 70 Millionen Jahren, auf-treten. Bisher konnten drei Unterfamilien der Familie Boidae mit sechs Arten nachgewiesen werden. Das abgebildete Exemplar ist über 50 cm lang, zählt 197 Wirbel und gehört zur Unterfamilie der Erycinae. Die rezenten Vertreter dieser Unterfamilie leben im Westen der USA, in Nordafrika und Vorderasien.

Giftschlangen wurden in Messel noch nicht gefunden. Erst für das jüngere Eozän, also die Zeit nach der Bildung der Messeler Ölschiefer, und nach der Entstehung einer dauerhaften Landverbindung zwischen Asien und Europa lassen sich verschiedene Giftschlangen in Europa nachweisen. Die möglichen Faunenbeziehungen zwischen den Kontinenten wurden bisher noch nicht überzeugend geklärt. Nach der Dominanz der Riesenschlangen im Alttertiär zu urteilen, veränderte sich aufgrund klimatischer Wechsel und neuer Land-verbindungen zwischen den Kontinenten im jüngeren Tertiär die Zusammen-setzung der Schlangenfauna auf dem europäischen Festland. So kam es erst spät zu Einwanderungen neuer Schlangen aus dem asiatischen Raum.

S. Schaal

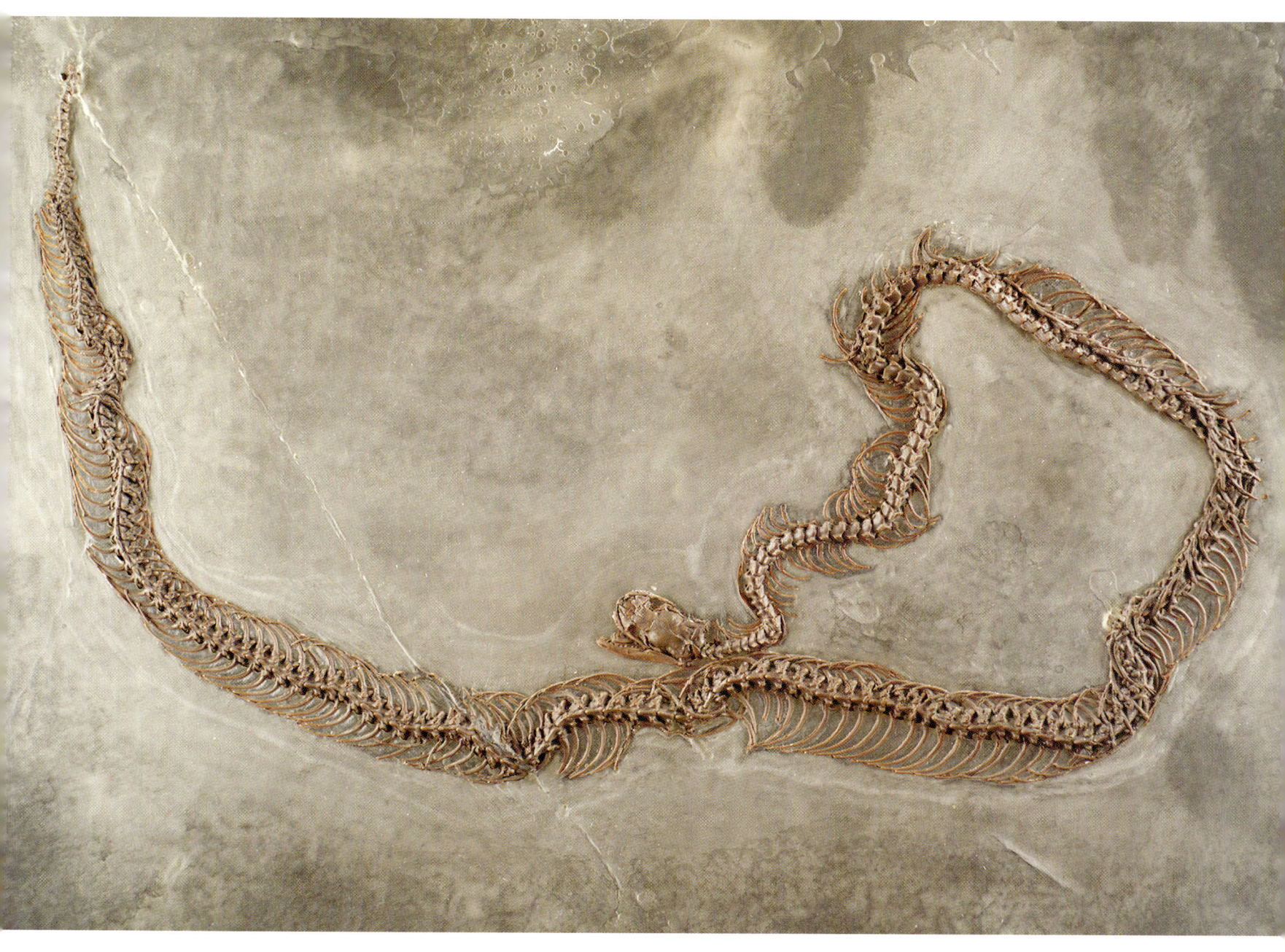

UNBESTIMMTE RIESENSCHLANGE

Hessisches Landesmuseum Darmstadt Me 7915
Foto: S. Tränkner

EINE RARITÄT: FOSSILE SCHLANGENSCHÄDEL

Länge des Schädels: 61 mm.
Literatur: Greene 1983.

Dieses Bild zeigt den hervorragend präparierten Schädel einer Würgeschlange aus der Familie Boidae. Erstaunlich gut sind die frei stehenden Zähne erhalten: Sie sind einheitlich hakenförmig gebaut, somit zum Erfassen und Festhalten von Beutetieren besonders gut geeignet und unterstützen den Schlingvorgang.

Bei Schlangen werden die Ober- und Unterkieferknochen nur durch Sehnen gehalten und sind dadurch sehr beweglich; die Unterkiefer können sogar vollständig aus der Gelenkverbindung gelöst werden. So sind Schlangen in der Lage, auch größere Beutetiere zu verzehren. Wegen dieser losen Verbindung zum restlichen Schädel sind bei dem hier abgebildeten Fossil im Laufe der Einbettung die Unterkieferäste leicht nach vorn gerückt und die Oberkiefer nach hinten verschoben worden, so daß die Vorderzähne des Oberkiefers unter der Augenöffnung liegen. Die Knochen der vorderen Schnauzenpartie fehlen, der übrige Schädel ist jedoch weitgehend erhalten.

Aus anderen Fundstätten sind von fossilen Schlangen meist nur einzelne Wirbel bekannt, da diese aufgrund ihrer kompakten Bauweise eher überliefert werden. Fossile Schlangenschädel sind hingegen selten; nur in Ausnahmefällen bleiben die massiven Unterkieferäste erhalten, während die übrigen dünnen oder spangenartigen Schädelknochen leichter zerstört werden. In der Regel lassen sich deshalb isolierte Wirbel und Unterkieferreste nur sehr selten einem Individuum zuordnen.

Die weitgehend vollständig erhaltenen Schlangenfunde aus der Grube Messel bilden hingegen eine Ausnahme: Selbst wenn die leicht gebauten Schädelknochen häufig verdrückt sind, liefern zusammengehörende Schädel und Wirbel Informationen zu Körperbau und Verwandtschaft der Würgeschlangen. Im Magen-Darm-Trakt einer 1,8 m langen Schlange wurde ein kleiner Alligator gefunden; von der Beute, einem 50 cm großem *Diplocynodon*, sind Knochen und Panzerplatten überliefert.

So ermöglichen es insbesondere die Messeler Exemplare, durch den Vergleich mit heutigen Vertretern unsere Kenntnis über Vielfalt und Lebensweise fossiler Schlangen zu erweitern.

S. Baszio

SCHÄDEL EINER RIESENSCHLANGE
VON OBEN

Staatliches Museum für Naturkunde Karlsruhe 2347 Pal
Foto: S. Tränkner

EIN KLEINER LEGUAN

Gesamtlänge: ungefähr 20 cm.
Literatur: Rossmann 1992.

Viele heute aus dem Ölschiefer der Grube Messel gut belegte Tier- und Pflanzenarten wurden ursprünglich in der Braunkohle des Geiseltales erstmals entdeckt und beschrieben, so auch *Geiseltaliellus longicaudus*. Die kleinen Echsen werden nicht wesentlich größer als 20 cm. Wie der Artname schon ausdrückt, ist ihr Schwanz enorm lang; er übertrifft die Länge des recht kurzen Rumpfes um das Dreifache. Die kräftigen Hinterextremitäten sind doppelt so lang wie die vorderen. Die kurze Hand und der lange Fuß sind mit kräftigen Krallen bewehrt. Die Zähne sind, mit Ausnahme der vordersten Positionen im Gebiß, dreispitzig mit einer Hauptspitze und zwei kleinen Nebenspitzchen.

An einem besonders gut erhaltenen Messeler Leguan ist im Halsbereich eine zarte, hornige Beschuppung erkennbar; die Einzelschuppen messen nur Bruchteile eines Millimeters. Größere fossile Hornschuppen treten nicht selten im Zusammenhang von Hand- und Fußknochen auf.

Die kleinen Messeler Leguane dürften, versehen mit scharfen Krallen und Balancierschwanz, gute Kletterer gewesen sein. Die Skelettproportionen der fossilen Tiere erinnern sehr an eine höchst bewegliche und lebhafte Gruppe der heutigen Leguane, die sogenannten Basilisken, die vor allem in Nord- und Südamerika verbreitet sind. Die Basilisken klettern nicht nur gut, sondern setzen auch gelegentlich zu kurzen Sprints über den Boden an. Im schnellen Lauf werden dabei Kopf und Rumpf aufgerichtet, die Vorderbeine an den Körper angelegt und der Schwanz erhoben. Besondere Abflachungen der Zehen und deren Hornbeschuppung erlauben den Basilisken sogar die Überquerung von Wasserflächen in kürzeren Distanzen. Ob die Messeler Tiere über diese Fähigkeit bereits verfügten, wissen wir allerdings nicht.

Das Auftreten fossiler Leguane in der Messeler Fauna und einigen weiteren Fundstellen Mittel- und Westeuropas ist überraschend. Leguane sind heute grundsätzlich in der Neuen Welt beheimatet, während eine abweichende, in vielen Lebensanpassungen gleichwohl sehr ähnliche und dadurch konkurrierende Familie – die der Agamen – in ihrer Verbreitung altweltliche Territorien beherrscht.

Th. Keller

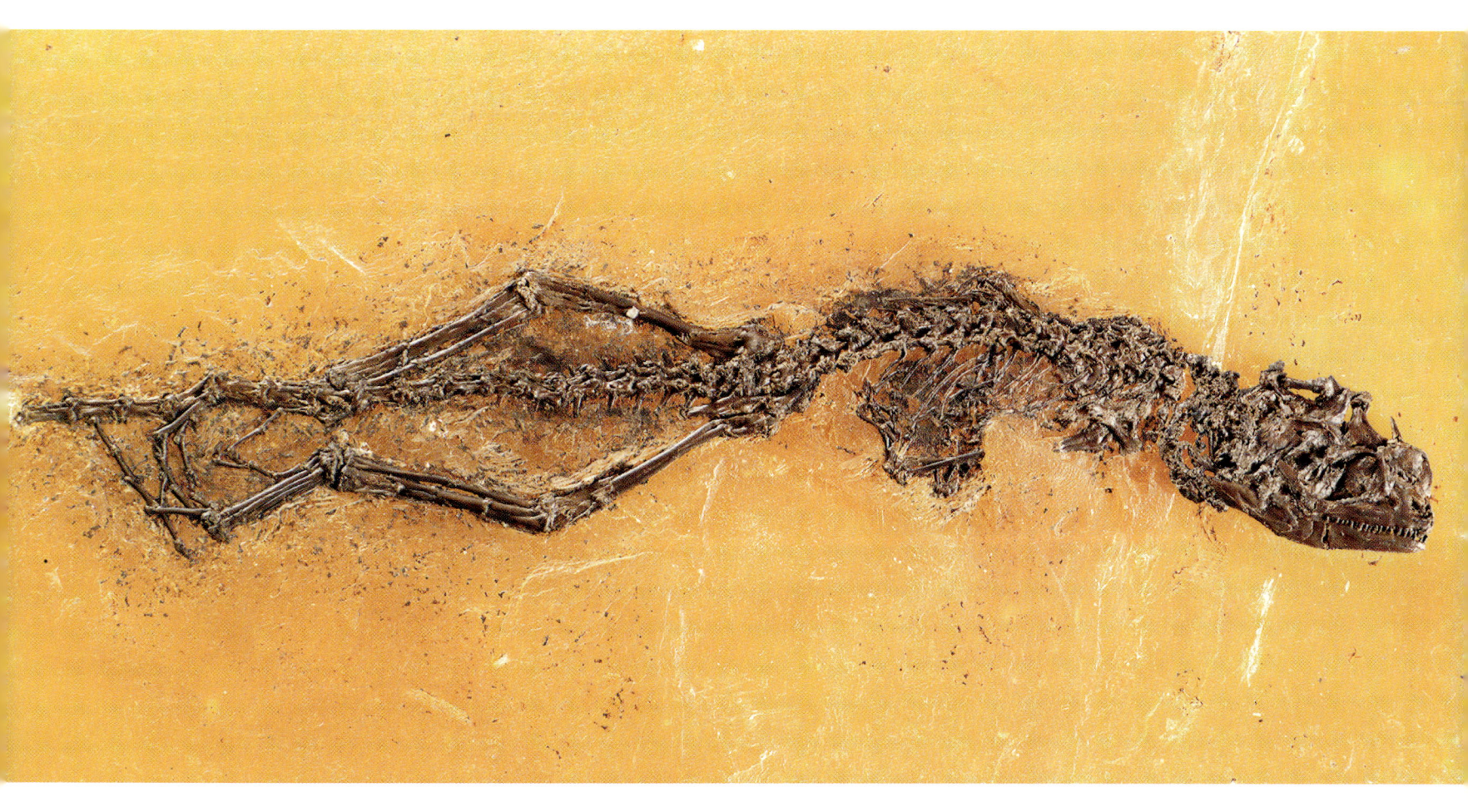

GEISELTALIELLUS LONGICAUDUS
Forschungsinstitut Senckenberg Frankfurt ME 1769
Foto: S. Tränkner

Ein Südamerikaner in Messel

Gesamtlänge des Tieres: 86 cm.
Literatur: Storch 1981, 1986, 1993a,
Richter 1987.

Aus der Kenntnis von Säugetierfaunen, die ein ähnliches Alter wie der Messeler Ölschiefer besitzen, konnte man gewisse Voraussagen über das zu erwartende Artenspektrum machen. Um so überraschender war der Nachweis eines Ameisenbären in Messel. Ameisenbären, Gürteltiere und Faultiere – Vertreter der Ordnung Xenarthra – sind kennzeichnend für die heutigen und fossilen Faunen Südamerikas und gelten als Musterbeispiel für die Entfaltung primitiver Säuger in der Isolation dieses Kontinents während des Tertiärs. Sie hätten diesem Szenario zufolge der »splendid isolation« Südamerikas erst im Pliozän in Richtung Nordamerika entfliehen können. *Eurotamandua* ist der einzige Fossilnachweis der Ameisenbären außerhalb Südamerikas und zugleich ihr ältester und vollständigster Beleg. Aus Messel liegt bislang nur ein einziger, allerdings vorzüglich erhaltener Fund dieses robust gebauten, etwa 90 cm langen Tiers vor. Die hochspezialisierte Ernährungsweise der Ameisenbären – das Fressen kleiner sozialer Insekten – findet sich auch bei Schuppentieren, und sie hat zu zahlreichen auffälligen anatomischen Übereinstimmungen geführt. Dazu zählen der völlige Zahnverlust und der röhrenförmige Schädel – die Nahrung wurde mit der Zunge aufgenommen und unzerkaut geschluckt – sowie die mächtige Entfaltung der Vorderextremität und des Mittelfingers – Arme und Hände wurden beim Aufbrechen harter Insektenbauten als »Spitzhacke« eingesetzt. Diese Ähnlichkeiten sind stammesgeschichtlich wahrscheinlich unabhängig voneinander entstanden und deuten nicht zwangsläufig auf eine nähere Verwandtschaft zwischen Ameisenbären und Schuppentieren hin.

Wie auch in anderen Fällen kann im Inhalt des Verdauungstraktes der sogenannte »Beifang«, also das zusammen mit der Nahrung unbeabsichtigt aufgenommene Fremdmaterial, wichtige Hinweise geben. Es handelt sich um Holzteile, die durch eine unstrukturierte Masse miteinander verbacken sind. Die gleiche Zusammensetzung zeigen Stücke aus rezenten Baumtermiten-Nestern, bei denen das Baumaterial (Holzstückchen) durch das erstarrte Speichelsekret der Termiten zu einer festen Masse verklebt ist. Man darf annehmen, daß *Eurotamandua* vor seinem Tod solche Nester geöffnet hat und beim Aufnehmen der Termiten, seiner eigentlichen Nahrung, immer wieder kleine Partikel der Nestsubstanz verschluckt hat.

Ameisenbären gehören heute zu den primitivsten plazentalen Säugern, und es ist wahrscheinlich, daß sie bereits in Afrika und Südamerika existierten, bevor diese Landmassen in der obersten Kreidezeit endgültig auseinanderbrachen. Sie hätten Messel dann von Afrika aus über den Vorläufer des Mittelmeers erreicht. *G. Storch und G. Richter*

MAGENINHALT VON
EUROTAMANDUA JORESI

Sammlung Dr. G. Jores
Foto: G. Richter
Größe des Bildausschnitts etwa 0,7 mm

EUROTAMANDUA JORESI
Sammlung Dr. G. Jores, Darmstadt
(Foto nach Abguß SMF Z 0261)
Foto: S. Tränkner

RIESENNAGER DER WIPFELREGION

Gesamtlänge des Tieres: ca. 102cm.
Literatur: Weitzel 1949, Wood 1976.

Ailuravus ist das größte Nagetier aus der Grube Messel und erreicht eine Gesamtlänge von etwa einem Meter, wobei auf den Schwanz ungefähr 60 cm entfallen. Obwohl er wesentlich größer ist, ähnelt *Ailuravus* im Aussehen und in den Proportionen unserem Eichhörnchen und hat wie dieses hoch oben in den Baumwipfeln gelebt. Die kletternde Lebensweise läßt sich unter anderem an den scharfen Krallen ablesen, die auf der Baumrinde einen sicheren Halt gewährleisten. Außerdem hat man im Mageninhalt von *Ailuravus* fast ausschließlich Blätter von Bäumen oder baumartigen Büschen gefunden. Dabei herrschen in den Mageninhaltsproben der einzelnen Skelette immer die Blätter einer einzelnen Baumart vor, je nachdem, auf welchem Baum sitzend *Ailuravus* seine letzte Mahlzeit eingenommen hatte. Bei einem bodenlebenden Nagetier würde man dagegen eine Vielzahl verschiedener Blätter von krautigen und buschartigen Pflanzen im Mageninhalt erwarten. Am Skelett von *Ailuravus* fällt besonders der lange Schwanz auf, der – wie man von Stücken mit erhaltenem Hautschatten weiß – vor allem im hinteren Teil buschig behaart war und bei weiten Sprüngen von Ast zu Ast als Steuerorgan diente. Bei dem hier abgebildeten Skelett ist am Schwanz zwar keine Behaarung erhalten, wohl aber im Nacken- und Rückenbereich. Wie die anderen Nagetiere aus Messel, hat *Ailuravus* enge Verwandte in gleich alten Ablagerungen aus Nordamerika. Damit wird der intensive Faunenaustausch zwischen beiden Kontinenten im Alttertiär belegt, der erst im unteren Eozän durch die beginnende Öffnung des Nordatlantiks unterbrochen wurde. Zur Zeit des Messelsees, im mittleren Eozän, sind die Faunenbeziehungen trotz der bereits bestehenden Trennung von Nordamerika und Europa noch deutlich sichtbar.

Th. Martin

AILURAVUS MACRURUS

Hessisches Landesmuseum Darmstadt Me 7596
Foto: W. Kumpf

Messelmaus

Die ältesten Nagetiere der Erdgeschichte kennen wir aus dem obersten Paläozän – der dem Eozän unmittelbar vorangehenden Zeitepoche – von Nordamerika. Die Messeler Nager stehen dem Ursprung dieser heute weltweit verbreiteten Säugetierordnung, die bei uns zum Beispiel durch Mäuse, Eichhörnchen und Siebenschläfer vertreten ist, also sehr nahe. Schon die allerersten Nagetiere sind durch das typische Merkmal der vergrößerten und immerwachsenden Schneidezähne (Nagezähne) charakterisiert, die auch bei dem hier abgebildeten Exemplar von *Masillamys* sehr gut zu erkennen sind. Diese Zähne sind sehr effiziente Werkzeuge zur Nahrungsgewinnung und -aufbereitung, dienen aber ebenso zum Graben von Erdbauten und sogar zum Fällen von Bäumen wie beispielsweise bei den Bibern. *Masillamys* ist mit einer Gesamtlänge von ungefähr 40 cm (Schwanzlänge gut 20 cm) wesentlich kleiner als *Ailuravus* und zeigt ganz andere Körperproportionen, die eine springende Fortbewegungsweise ausschließen. So sind Arme und Beine bei *Masillamys* auffallend kurz, und der Schwanz war offenbar nur schütter behaart, so daß er nicht als Steuer- oder Gleitorgan bei weiten Sprüngen von Ast zu Ast eingesetzt werden konnte. Bei dem abgebildeten Stück ist zwar kein Körperumriß (»Hautschatten«) überliefert, dafür ist das Skelett jedoch hervorragend erhalten. Die nahezu unverdrückten, plastisch hervortretenden Knochen zeigen, daß es sich um ein ausgewachsenes Individuum mit vollständig verknöchertem Skelett handelt. Die nur schwach mineralisierten Skelette von Jungtieren sind im Messeler Ölschiefer durch den Gebirgsdruck immer sehr stark deformiert und lassen meist nur wenige anatomische Details erkennen. Von anderen Stücken mit überliefertem Hautschatten wissen wir, daß *Masillamys* einen kurzhaarigen dichten Pelz besessen hat. Die entspannte Haltung des Tieres mit leicht angewinkelten Extremitäten ist typisch für Wasserleichen und findet sich bei vielen Messeler Säugetieren.

Gesamtlänge des Tieres: ca. 40 cm.
Literatur: Tobien 1954, Hartenberger 1968.

Th. Martin

MASILLAMYS SP.

Sammlung Behnke, Niederhöchstadt
Foto: S. Tränkner

KRALLEN ZUM KLETTERN

Von *Kopidodon macrognathus* wurden in Messel mehrere Skelette gefunden. Das Tier ist etwa 55 cm lang und mit einem 60 cm langen Schwanz ausgestattet. Einige Spezialanpassungen lassen Rückschlüsse auf seine Lebensweise zu. Die großen Eckzähne im Gebiß könnten dazu verleiten, in *Kopidodon* ein Raubtier zu sehen. Aber die Backenzähne besitzen nur Höcker und keine Schneiden; demnach dürfte das Tier seine Nahrung eher zwischen den Zähnen zerquetscht als zerschnitten haben. Diese Art des Kauens paßt besser zu einem Fruchtfresser als zu einem Fleischfresser.

Wie sich *Kopidodon* fortbewegt hat, verrät das Körperskelett. An Händen und Füßen sind große knöcherne Krallen zu sehen, die zu Lebzeiten von noch größeren Hornkrallen überzogen waren. Krallen sind sowohl bei grabenden wie kletternden Tieren ausgebildet, zeigen aber doch deutliche Unterschiede: Während Gräber meist vergrößerte Krallen an den mittleren Fingerstrahlen besitzen, sind die Krallen der Kletterer an Händen und Füßen meist gleich groß und außerdem oft seitlich zusammengepreßt. *Kopidodon* hat an Händen und Füßen gleichförmige, seitlich stark komprimierte Krallen. Die Arme und Beine waren sehr gelenkig und in Unterarm und Unterschenkel gut drehbar. Hände und Füße von *Kopidodon* sind meist in besonderer Weise eingebettet. Die Finger und Zehen sind nämlich zum Handteller beziehungsweise zur Fußsohle hin stark gekrümmt. Das läßt auf ein kraftvolles Greifvermögen und eine große Beweglichkeit schließen. Damit ist *Kopidodon* trotz seiner Größe als vorzüglicher Kletterer zu rekonstruieren, der in den Bäumen nach reifen Früchten gesucht hat.

Diese spezielle Einnischung für *Kopidodon* ist deswegen so interessant, weil er zu einer ursprünglichen Säugetierordnung – den Proteutheria – gehört, deren Bewegungsweise aber offensichtlich keineswegs primitiv war.

W. v. Koenigswald

Länge des Tieres mit Schwanz: 115 cm.
Literatur: Koenigswald 1983, Clemens und Koenigswald 1993.

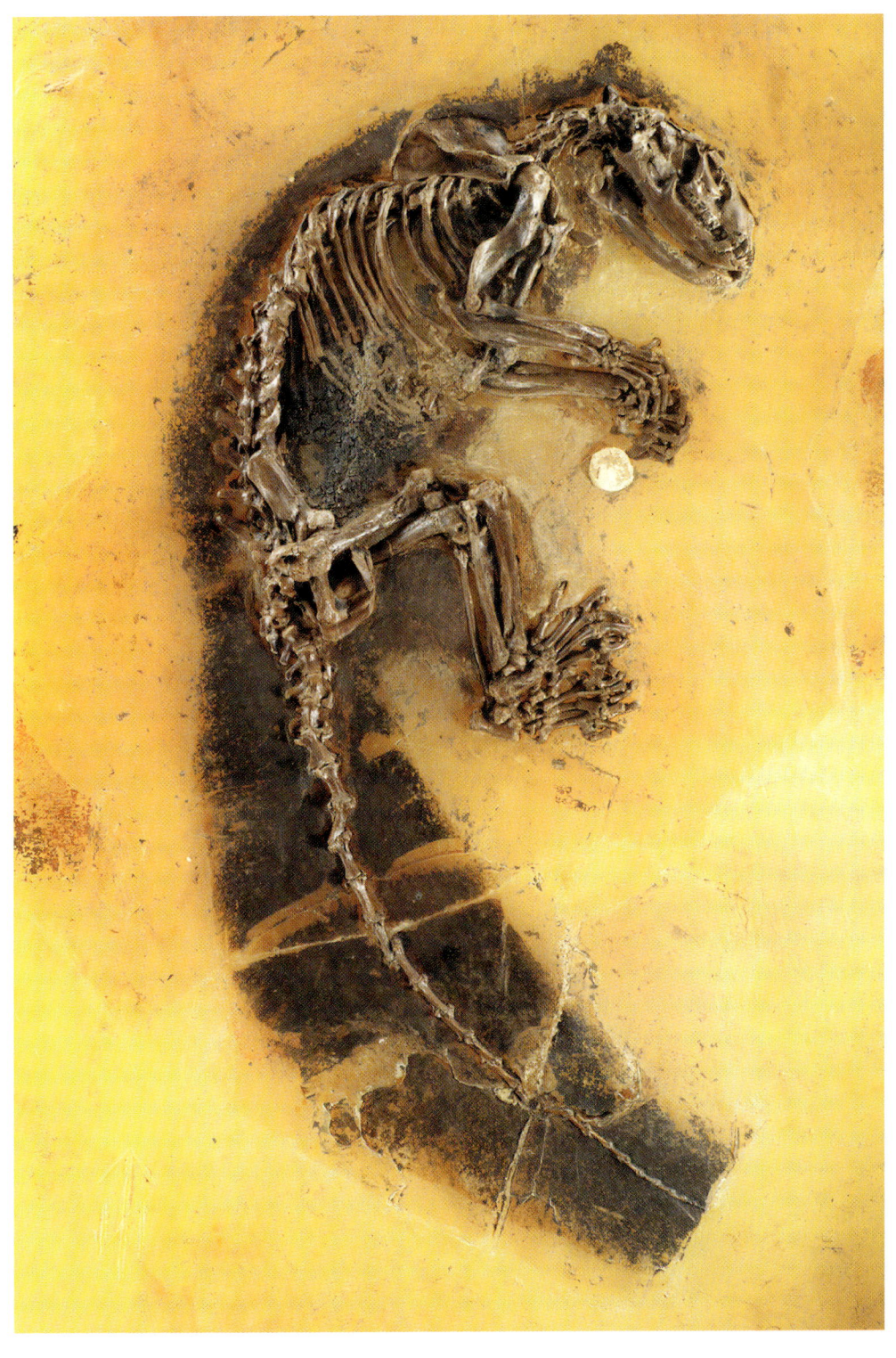

DER »LANGFINGER«

Länge des Tieres: 31 cm.
Literatur: Koenigswald 1990.

Die Apatemyiden, zu denen *Heterohyus* gehört, sind eine Säugetiergruppe aus dem Alttertiär von Nordamerika und Europa, die wegen Besonderheiten im Gebiß gut kenntlich ist. Starke Schneidezähne sind mit schneidenden Prämolaren und kleinen Molaren kombiniert. Allerdings kannte man lange Zeit nur Kieferfragmente und einen Schädel. Aus diesem Grund konnte man noch nichts näheres über die Lebensweise dieser Tiere sagen.

In Messel wurden erstmals Skelette von *Heterohyus nanus* gefunden. Der Körper der Tiere ist etwa 13 cm, der Schwanz 18 cm lang. Die Skelette bargen eine große Überraschung, nämlich zwei enorm verlängerte Finger. Welchem Zweck mochte diese Spezialanpassung gedient haben? Zur Beantwortung dieser Frage muß man aus der Fülle der rezenten Säugetiere nach Parallelen suchen. Es gibt einen Lemuren aus Madagaskar (*Daubentonia*) und ein Beuteltier aus Neuguinea (*Dactylopsila*), die, obwohl nicht näher miteinander verwandt, eine Verlängerung je eines Fingers aufweisen. Diese beiden Arten suchen ihre Nahrung in übereinstimmender Weise: Sie stochern mit dem langen Finger in engen Ritzen und Löchern nach Insekten, besonders nach den Larven bohrender Holzinsekten, und zerren diese mit der kurzen Kralle am letzten Fingerglied heraus. Diese Nahrungsquelle ist außerordentlich lukrativ und wird heute weitgehend von den Spechtvögeln eingenommen. Nur auf Inseln, wo heute keine Spechte vorkommen, wird diese Nische von Säugetieren besetzt.

Heterohyus weist aber außer den verlängerten Fingern eine weitere Gemeinsamkeit mit den rezenten Jägern nach Insekten und deren Larven auf: Die rezenten Formen haben starke Schneidezähne zum Aufbrechen der Rinde und Erweitern von Löchern, um so besser an die Beute heranzukommen. Für diesen Zweck ist auch das besondere Gebiß der Apatemyiden geeignet. Ob diese spezielle Einnischung aber auf alle Apatemyiden übertragen werden darf, muß noch offenbleiben, weil einige Vertreter sehr groß wurden. Vor etwa 35 Millionen Jahren verschwand die ganze Gruppe; möglicherweise übernahmen dann die Spechte die spezielle Nahrungsnische. Sie haben den Vorteil, daß sie von Baum zu Baum fliegen können und nicht jeden Baum neu erklettern müssen.

W. v. Koenigswald

HETEROHYUS NANUS

Hessisches Landesmuseum Darmstadt Me 8850
Foto: W. Kumpf

Ein Halbaffe aus dem Urwald

Länge des Fragments: 6,5 cm.
Literatur: Franzen 1987.

Primaten – also Säugetiere, die derselben Ordnung wie wir Menschen angehören – zählen in Messel zu den größten Seltenheiten. Das ist deshalb merkwürdig, weil zum einen der typische Lebensraum von Halbaffen, ein feuchtwarmer Regenwald, rings um den eozänen Messelsee reichlich vorhanden war. Zum anderen sind Primaten für diese Zeit an anderen europäischen Fundstellen durchaus häufiger belegt. Eigenartig ist darüber hinaus, daß sie im Unterschied zu vielen anderen Tieren in Messel nur bruchstückhaft überliefert sind.

Diese Besonderheiten verlangen eine besondere Erklärung. Bruchstücke von Tieren konnten von den nur schwachen Strömungen im Messelsee nicht transportiert werden. Außerdem waren diese Tiere hoch oben in den Baumkronen vor den gewöhnlichen Todesursachen in Messel – giftigen vulkanischen Gasen und Überschwemmungen – gut geschützt. Bißspuren von Krokodilen – in einer Bißspur steckte sogar noch eine abgebrochene Zahnspitze – und das Kieferfragment eines Primaten im versteinerten Kotballen eines fischotterähnlichen Raubtieres bestätigen inzwischen, daß die Todesursache zugleich das Transportmittel war: Die Primaten fielen Raubtieren zum Opfer, welche ihre Kadaver bruchstückhaft in den eozänen Messelsee transportierten.

Inzwischen sind aus Messel sieben Funde fossiler Halbaffen bekannt. Sie beziehen sich auf mindestens drei verschiedene Arten. Einer der schönsten Funde ist der hier im Röntgenlicht abgebildete Schädel. Er gehört zur Art *Europolemur koenigswaldi*, einem lemurähnlichen Halbaffen von etwa halber Hauskatzengröße. Es handelt sich um ein Jungtier. Die beiden hinteren Milchbackenzähne sowie Eck- und Schneidezähne werden gerade gewechselt. Auch die letzten Backenzähne des Ober- und Unterkiefers befinden sich im Durchbruch. Im Ohrbereich sind andeutungsweise die Bogengänge sowie Gehörknöchelchen zu erkennen.

J. L. Franzen

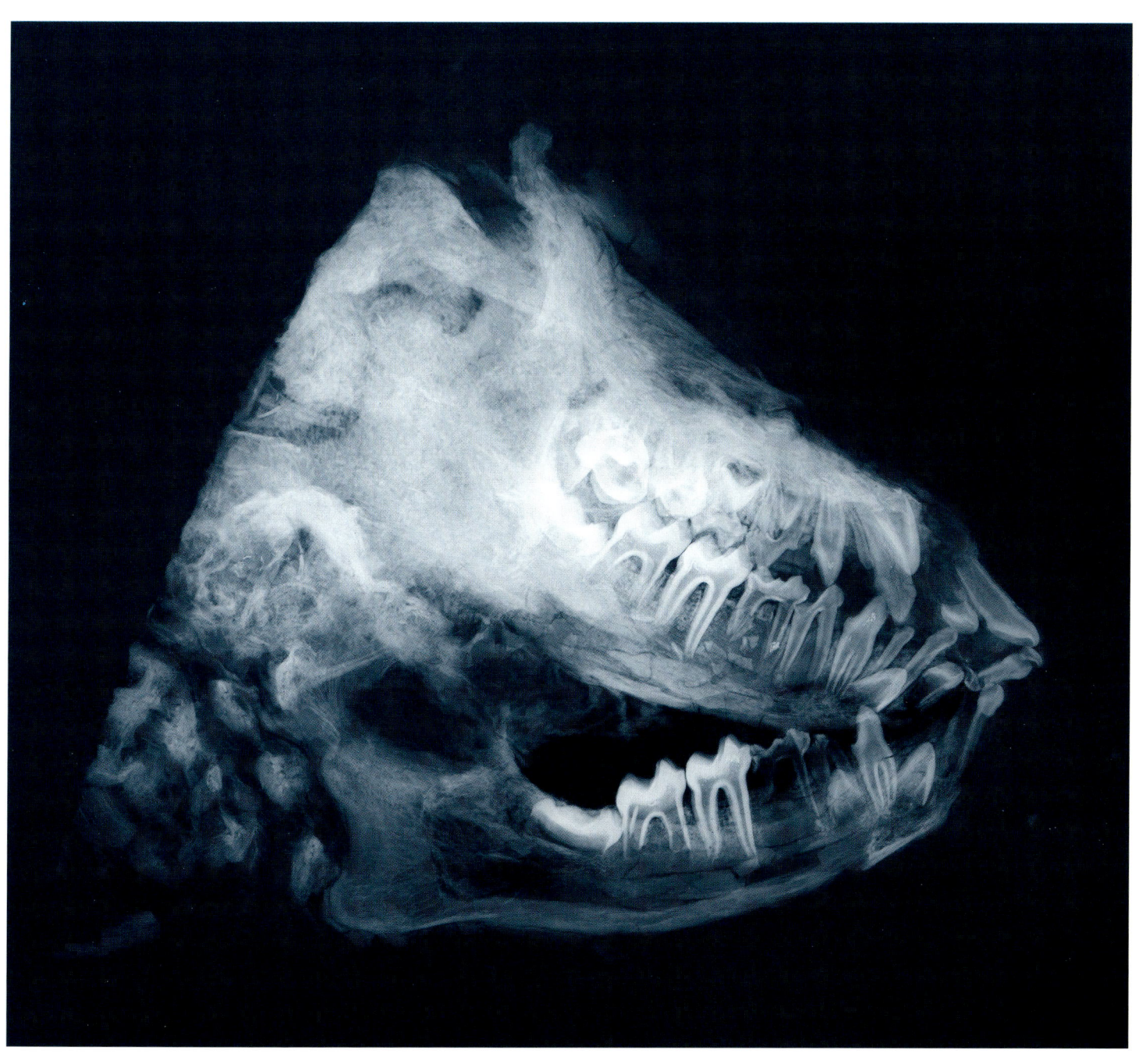

EUROPOLEMUR KOENIGSWALDI
Forschungsinstitut Senckenberg Frankfurt ME 1228A
Röntgenbild: J. Habersetzer

EIN HALBAFFENMÄNNCHEN

Länge des ausgestreckten Beines:
ca. 25cm.
Literatur: Koenigswald 1979.

In Messel wurde 1975 das Teilskelett eines Säugetieres gefunden, das nur das Becken mit den zwei Hinterbeinen umfaßte. Schon die langen und gestreckten Gliedmaßenknochen erinnerten an einen Primaten, aber erst die letzten Zehenglieder offenbaren ein wichtiges Schlüsselmerkmal für die Primaten. Ihre Oberfläche ist nämlich abgeplattet und zeigt damit, daß dieses Tier flache Nägel statt Krallen besaß.

Im Fuß ist die erste Zehe sehr kräftig und konnte zum Greifen den anderen Zehen gegenübergestellt werden. Dies läßt sich unter anderem an der abweichenden Lage dieser Zehe bei der Einbettung im Ölschiefer ablesen. Eine derart abspreizbare Zehe gewährt einem Kletterer im Geäst sicheren Halt. Auch die zweite Zehe weist eine Besonderheit auf, denn ihr Endglied weicht in der Form von den anderen Zehen deutlich ab. Ihr Nagel dürfte schmaler und länger gewesen sein. Alle modernen Halbaffen haben ein besonderes Merkmal gemeinsam, das für die Systematik der Primaten wichtig ist, nämlich die Umformung der zweiten Zehe am Fuß zur Putzzehe für die Fellpflege. Hier ist der flache Nagel zu einer Putzkralle umgebildet. Die Entdeckung einer Putzzehe an dem fossilen Skelett aus Messel beweist für die eozänen Halbaffen die verwandtschaftliche Zugehörigkeit zur gleichen Gruppe (Strepsirhini), zu der auch die modernen Lemuren von Madagaskar zu rechnen sind.

Das Teilskelett weist noch eine weitere Besonderheit auf: über dem rechten Oberschenkelknochen liegt ein symmetrischer Knochen, der auf der verdeckten Seite eine tiefe Rinne aufweist. Es handelt sich um das knöcherne Stützelement für den Penis, ein Primatmerkmal, das bei Säugetieren mehrfach vorkommt. Die Primaten haben diesen Knochen in der weiteren Evolution durch Schwellkörper ersetzt. So läßt sich an diesem Skelett aus Messel auch etwas über die Entwicklung von sonst nicht überlieferten Weichteilen aussagen.

Weil die meisten fossilen Säugetierarten nach Besonderheiten im Gebiß unterschieden werden, kann man dieses so aufschlußreiche Teilskelett noch keiner Art zuweisen. Weitere Funde müssen abgewartet werden, bis man dem Tier den richtigen Namen geben kann.

W. v. Koenigswald

TEILSKELETT
EINES HALBAFFENMÄNNCHENS

Hessisches Landesmuseum Darmstadt Me 7430
Foto: B. Simon

RIESENAMEISEN

Körperlänge: ca. 26 mm.
Literatur: Lutz 1986.

Die geflügelten Weibchen der Ameisengattung *Formicium* erreichten eine Flügelspannweite bis zu 16 cm. Damit waren sie nicht nur die größten Ameisen aller Zeiten, sondern die größten Hautflügler (Hymenoptera) überhaupt. In der Umgebung des Messelsees lebten zwei Arten, von denen man jeweils die geflügelten Königinnen und Männchen kennt. Offensichtlich handelt es sich um Individuen, die während ihres Hochzeitsfluges verunglückt und ertrunken sind. Ungeflügelte Arbeiterinnen wurden dagegen noch nicht entdeckt, da sie wahrscheinlich die unmittelbare Umgebung des Sees mieden.

Riesenameisen sind nicht nur an ihrer Größe zu erkennen. Eine ganze Anzahl spezieller Merkmale charakterisieren diese Tiere und zeigen, daß sie einer eigenständigen Entwicklungslinie innerhalb der Ameisen angehören. Bemerkenswert sind zum Beispiel eine auffällige Konzentration der Aderung des Vorderflügels entlang der Vorderkante, ein winziger, rudimentärer Stachel, das Fehlen eines komplex bebauten und stark chitinisierten Verschlußapparates am Kropf (Proventriculus) sowie außergewöhnlich große, schlitzförmige Atemöffnungen.

All diese Merkmale weisen die *Formicium*-Arten als hochspezialisierte Formen aus. Aufgrund der extremen Reduktion des Stachels konnten sich die Tiere zwar nicht mehr durch Stiche verteidigen, doch hatten sie statt dessen eine erheblich effizientere Strategie entwickelt: Sie konnten, wie unsere heutigen Waldameisen, ihr Gift verspritzen, sie konnten also Angreifer auf Distanz halten. Viele heutige Ameisen speichern flüssige Nahrungsvorräte im Kropf und geben diese bei Bedarf an andere Nestgenossen weiter. Der komplex gebaute Verschlußapparat übernimmt dabei eine Filter- und Ventilfunktion. Die wenigen Arten, denen dieses Organ fehlt, ernähren sich dagegen von fester Nahrung und betreiben eine »externe« Vorratshaltung. So züchten die Blattschneiderameisen Pilze, und die Ernteameisen tragen Pflanzensamen in ihre Nester ein. Wanderameisen jagen ihre Beutetiere in riesigen Heerzügen. Die Reduktion des Verschlußapparates bei *Formicium* deutet darauf hin, daß auch sie hoch entwickelte Nahrungsspezialisten mit »externer Vorratshaltung« waren.

Unsere Kenntnis der Insektenfaunen der Kreidezeit und des Paläozän ist noch sehr lückenhaft. So wissen wir beispielsweise nicht, wann die Entwicklung der Riesenameisen begann. Auffälligerweise treten sie bislang nur im Mitteleozän auf. Wahrscheinlich sind sie in Folge der dramatischen weltweiten Klimaverschlechterung an der Wende vom Eozän zum Oligozän ausgestorben.

H. Lutz

WEIBCHEN VON *FORMICIUM SIMILLIMUM*
Forschungsinstitut Senckenberg Frankfurt Me I 1017
Foto: E. Haupt

INSEKTEN
Fossilien mit vielerlei Aussagekraft

Die Insekten sind diejenige Tiergruppe, deren Fossilien in der Grube Messel am häufigsten entdeckt werden. Interessant ist dabei, daß fast ausschließlich Insekten gefunden werden, die ihr gesamtes Leben auf dem Lande zubringen. Typische im Wasser lebende Insekten wie zum Beispiel Gelbrandkäfer, Wasserkäfer, Taumelkäfer, Libellen-, Stein-, Schlamm- oder Eintagsfliegenlarven fehlen dagegen fast vollständig. Dies hängt vermutlich damit zusammen, daß im See so widrige Lebensbedingungen herrschten, daß sich ein reichhaltiges Insektenleben nicht entfalten konnte.

Die Insekten, die man heute als Fossilien findet, sind entweder erst nach ihrem Tod in den See gelangt, oder sie sind – was wahrscheinlicher ist – ertrunken, als sie in den See stürzten. Die Entscheidung, ob ein Insekt nach dem Auftreffen auf die Wasseroberfläche absinkt oder nicht, ist von verschiedenen Faktoren abhängig. Neben der Dichte des Wassers, die sicherlich eine untergeordnete Rolle spielt, sind vor allem biotische Faktoren dafür verantwortlich. Zum einen ist entscheidend, wie sich ein Tier verhält. Versucht es wegzufliegen, oder ist es völlig passiv? Legt es womöglich die Flügel eng an und kann so die Wasseroberfläche leicht durchstoßen? Neuerdings weiß man, daß Insekten ganz unterschiedlich stark benetzbar sind. So wurde festgestellt, daß zum Beispiel Eintagsfliegen, Libellen und Schmetterlinge besondere Mikrostrukturen auf der Kutikula besitzen, wodurch das Wasser schnell abperlt und die Tiere dadurch »trocken« bleiben. Ganz anders sieht es bei Käfern und Wanzen aus, denen entsprechende Strukturen fehlen und die deshalb naß und schwer werden.

Für die Häufigkeit der verschiedenen Insektengruppen der Grube Messel scheint die Benetzbarkeit der entscheidende Faktor zu sein. Käfer und Wanzen sind die häufigsten Fossilien, während Eintagsfliegen, Libellen und Schmetterlinge praktisch fehlen. Die übrigen Gruppen nehmen entsprechend ihrer Benetzbarkeit auch in ihrer Häufigkeit eine Mittelstellung ein.

Insekten sind gute Klimaanzeiger. Tropische und subtropische Insektengruppen wie zum Beispiel die Gespenstheuschrecken, Singzikaden und die prächtig gefärbten Hirschkäfer, die es einst in Messel gab, zeigen an, daß das Klima Mitteleuropas im Eozän im Durchschnitt um einige Grad wärmer war als heutzutage.

G. Tröster

Länge des Tieres: 21 mm.
Literatur: Lutz 1990, Tröster 1992, Wagner et al. 1996.

SCHLUPFWESPE AUS DER FAMILIE
ICHNEUMONIDAE

Sammlung Behnke, Niederhöchstadt
Foto: B. Simon

LEUCHTPUNKTE
Farbige Insektenfossilien

Einzigartig und weithin bekannt sind die Insektenfossilien aus Messel wegen ihrer exzellenten Farberhaltung. Frisch aus dem Schiefer geborgen leuchten sie, als wäre das Tier gerade erst gelandet, und das, obwohl es seit fast 50 Millionen Jahren unter tonnenschweren Gesteinen begraben lag. Nach wenigen Minuten beginnen die Farben jedoch schon zu verblassen, und nach wenigen Stunden oder Tagen ist nichts weiter als ein bräunlicher Klecks übrig. Wie kommt das?

Um das zu verstehen, muß man wissen, wie Farben bei Insekten entstehen. Zunächst kann man die Insektenfarben in zwei Großgruppen unterteilen – die physiologischen und die physikalischen Farben. Erstere entstehen durch Pigmente, die in die Kutikula oder in die Epidermis eingelagert sind. Sie können einerseits vom Insekt selber gebildet werden, oder sie werden mit der Nahrung aufgenommen.

Die physikalischen Farben entstehen durch Reflexion und Brechung des Lichtes an unterschiedlichen Strukturen der Kutikula. Sie werden daher auch Strukturfarben genannt. Am prächtigsten erscheinen dabei die Interferenzfarben mit ihrem metallischen Glanz und ihrer hohen Leuchtkraft, wie das Beispiel eines Blattkäfers zeigt.

Alle Farbentypen treten im Prinzip bei den Insektenfossilien aus Messel auf. Die Pigmentfarben sind meist nur als verwaschene Streifung zu erkennen, da die Molekularstruktur der Pigmente durch die Fossildiagenese verändert oder zerstört wurde. Die Struktur der Kutikula hat sich dagegen nicht verändert, so daß die Strukturfarben in ihrer ursprünglichen Schönheit erstrahlen.

Der Tonstein der Grube Messel ist sehr stark wasserhaltig. Wenn er an die Luft kommt, beginnt er sofort auszutrocknen. Dabei entstehen Spannungen, die im Tonstein und damit auch in den Fossilien Tausende kleiner Sprünge und Risse erzeugen. Dadurch wird beispielsweise auch die Kutikula der Insekten zerstört. Da aber die Färbung der Insekten an eine unversehrte Kutikula gebunden ist, ist es nun leicht zu verstehen, warum die Farbe der Insektenfossilien schon nach kürzester Zeit verschwindet, sobald sie sich an der Luft befinden. Spezielle Präparations- und Aufbewahrungsverfahren können jedoch dieses zerstörerische Werk verhindern.

G. Tröster

Länge des Tieres: 5 mm.
Literatur: Tröster 1992.

BLATTKÄFER AUS DER FAMILIE
CHRYSOMELIDAE
Forschungsinstitut Senckenberg Frankfurt ME I 455
Foto: J. Habersetzer

»MESSELRALLEN«

Größe: 24 cm
Literatur: Hesse 1990.

Die Messelrallen sind die häufigsten fossilen Vögel der Grube Messel und müssen in großen Scharen am eozänen Messelsee gelebt haben. Sie repräsentieren eine eigene Familie der Kranichartigen, die Messelornithidae. Ihre nächsten Verwandten sind heute die Sonnenrallen (Eurypygidae) Mittel- und Südamerikas. Bisher sind vier Arten aus dem Alttertiär Europas und Nordamerikas bekannt.

Aus der Grube Messel sind mehrere hundert Messelrallen der Art *Messelornis cristata* überliefert, zum größten Teil in fast vollständigen Skeletten, so daß zwischen Todes- und Ablagerungsort kein langer Transportweg gelegen haben kann. Als Todesursache werden periodisch aus dem See austretende Sumpfgaswolken (Methan, CO_2) angenommen: Wenn Messelrallen auf der Jagd nach Insekten dicht über der Wasseroberfläche flatterten, könnte dieses Giftgas immer wieder einzelne Vögel betäubt haben, so daß sie in den See stürzten und ertranken.

Die Messelrallen waren trotz ihres häufigen Vorkommens am See keine Wasservögel. Mit ihren langen Beinen und den kurzen Zehen dürften ihre Fähigkeiten zu tauchen und zu schwimmen gering gewesen sein; vielmehr waren sie an eine laufende Fortbewegungsweise angepaßt. Gute Läufer unter den Vögeln reduzieren die Anzahl ihrer Zehen. Auch die sehr kurzen ersten Zehen der Messelrallen scheinen beim Laufen den Boden nicht mehr berührt zu haben. Bisher ist erst ein einziger Jungvogel bekannt. Die Messelrallen müssen demnach in einiger Entfernung vom eozänen Messelsee auf Bäumen genistet haben.

Besonders auffallend ist der helmartige Kopfschmuck der Messelrallen, der bei zwei Individuen erhalten ist. Dieser häutige oder hornige Kamm wird als ein Stirnzapfen gedeutet, der bei dem Messelrallen-Hahn in der Paarungszeit besonders ausgeprägt und farbenprächtig gewesen sein könnte, ähnlich dem heutigen Wasserhahn Asiens, einem Verwandten des Teichhuhns.

A. Hesse

KOPF MIT HAUTKAMM VON
MESSELORNIS CRISTATA
Forschungsinstitut Senckenberg
Frankfurt ME 216
Foto: E. Haupt

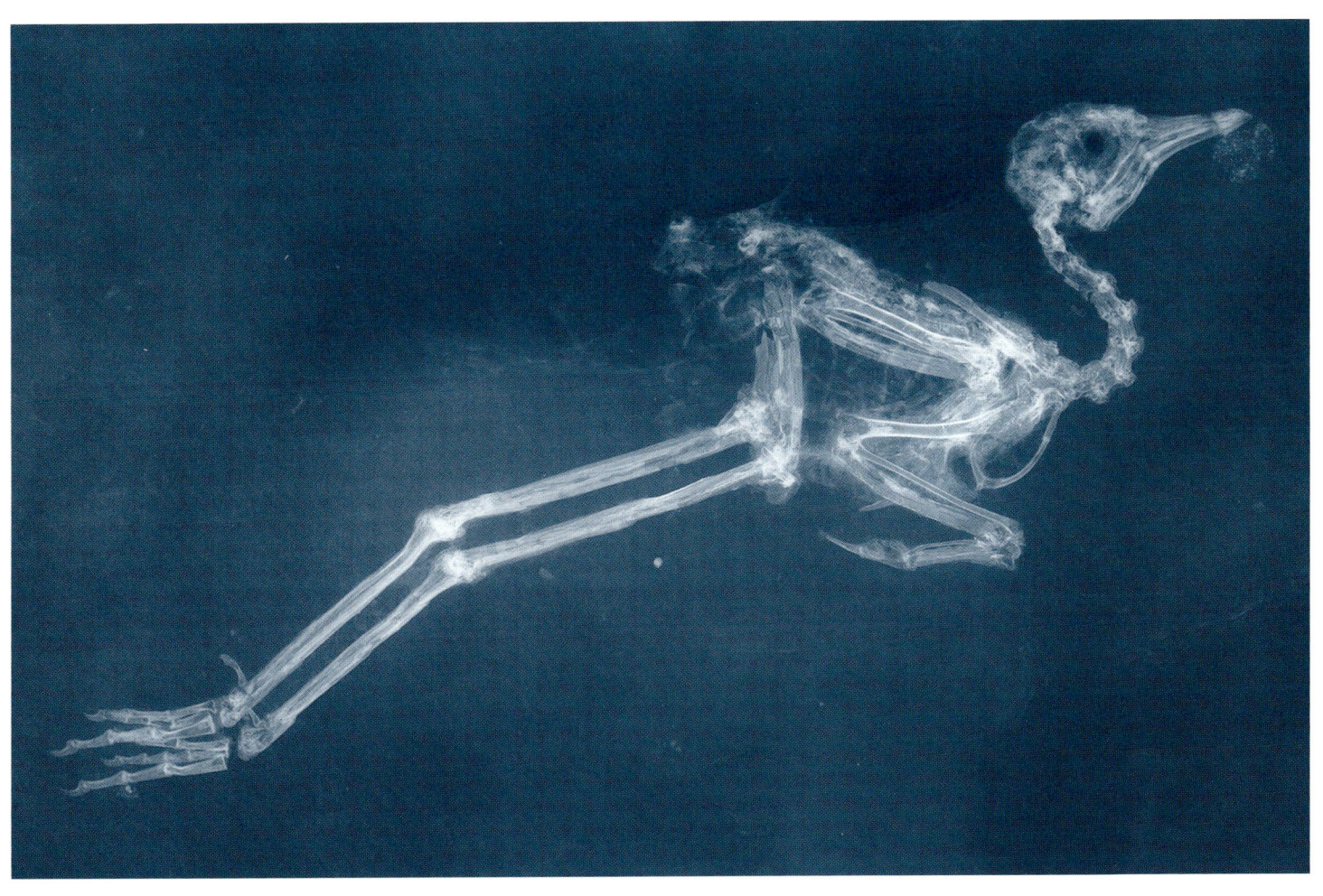

MESSELORNIS CRISTATA

Forschungsinstitut Senckenberg Frankfurt ME 610
Röntgenbild: J. Habersetzer

Ein Verwandter der Mausvögel

Die zahlreichen baumbewohnenden »Kleinvögel« aus der Grube Messel zählen großenteils zu den Racken- (Coraciiformes) und Spechtvögeln (Piciformes). Daneben gibt es aber auch Arten, die sich dort nicht einordnen lassen. Einige davon sind zu den Sandcoleiformes zu stellen. Diese Ordnung wurde von Houde und Olson 1992 für eine Reihe nordamerikanischer fossiler Vögel eingerichtet. Die hier abgebildete Art gehört in eine eigene Gattung und ist zugleich der erste Nachweis, daß diese Vogelgruppe auch in der Alten Welt vorkam. Der Vogel fällt vor allem durch den Bau des Fußes auf, der ein funktionsmorphologisches Rätsel darstellt. Die außerordentlich verkürzten Zehen, die alle nach vorn gerichtet sind, scheinen wie beim Mauersegler nur ein Anklammern an mehr oder minder abschüssige Flächen zu erlauben. Dazu steht aber der verhältnismäßig lange Lauf (Tarsometatarsus) in einem merkwürdigen Widerspruch. Bei keinem heutigen Vogel ist eine solche Konstruktion zu finden.

Die bei diesem Exemplar erhaltene Kropf- oder Magenfüllung zeigt, daß die Nahrung aus Samen bestand.

Die Sandcoleiformes sind durch verschiedene Übereinstimmungen mit den Mausvögeln (Coliiformes) verbunden, und man sollte wohl beide Gruppen systematisch vereinen. Mausvögel sind heute nur noch mit sechs einander sehr ähnlichen Arten in Afrika vertreten. Sie bilden ganz offensichtlich eine Restgruppe. Die Definition der Ordnung Coliiformes, die sich nur auf diese sechs rezenten Arten stützt, ist deshalb notgedrungen sehr eng. Eine Eingliederung der Sandcoleiformes würde einer frühen Radiation der Mausvogelverwandtschaft Rechnung tragen.

D. S. Peters

Länge des Schädels: 37,5 mm.
Literatur: Houde und Olson 1992, Peters (im Druck).

MAUSVOGEL-VERWANDTER
Forschungsinstitut Senckenberg Frankfurt ME 2375
Foto: S. Tränkner

EIN KRANICHVOGEL

Kranichvögel (Gruiformes) bildeten im Paläogen bereits eine sehr vielgestaltige Gruppe und waren weit verbreitet. Sie werden auch im Messeler Ölschiefer besonders häufig gefunden. Zu den schönsten und vollständigsten Exemplaren dieses Verwandtschaftskreises gehört der hier abgebildete Holotypus von *Idiornis tuberculata*. Es sind fast alle Skelettelemente erhalten. Da sie aber teilweise arg durcheinandergewürfelt erscheinen, muß man genauer hinschauen, um sich zu orientieren. So handelt es sich bei dem flächigen Knochen mit annähernd birnenförmigem Umriß nicht, wie man auf den ersten Blick annehmen könnte, um das Brustbein, sondern um das Schädeldach (Reste des echten Brustbeins sind auf der hier nicht gezeigten Gegenplatte erhalten). Die beweglichen Teile des Schädels sind allesamt vom Hirnschädel abgetrennt und fehlen (Oberschnabel) oder sind verstreut (das linke Quadratum zum Beispiel ist der kleine, am weitesten rechts liegende Knochen). Einmalig ist die körnige Oberflächenstruktur einiger Knochen, besonders der Halswirbel (siehe Insert). Sinn und Zweck dieser merkwürdigen Bildung sind bisher völlig ungeklärt, waren aber Anlaß für den Artnamen.

Bei diesem Vogel handelt es sich um einen Vertreter der Cariamidae (Seriemas), und zwar der Unterfamilie Idiornithinae, die im Paläogen auf der Nordhalbkugel sehr artenreich war. Aus der Grube Messel liegen mindestens drei Arten vor. Alles deutet darauf hin, daß diese Vögel wohl hauptsächlich zu Fuß gingen, aber auch noch fliegen konnten. Ganz ähnlich verhalten sich die beiden einzigen heutigen Arten der Cariamidae, nämlich die Seriema und die Tschunja; beide leben in Südamerika. Wie von so manchen anderen Familien der Kranichvögel sind also von den Seriemas heute nur noch schmale Reste eines einstmals beträchtlichen Formenreichtums erhalten.

D. S. Peters

Länge des Beines vom Knie bis zur Basis der Zehen: 223 mm.
Literatur: Peters 1995.

IDIORNIS TUBERCULATA
Institut Royal des Sciences Naturelles de Belgique, Brüssel 160.
Foto: S. Tränkner.

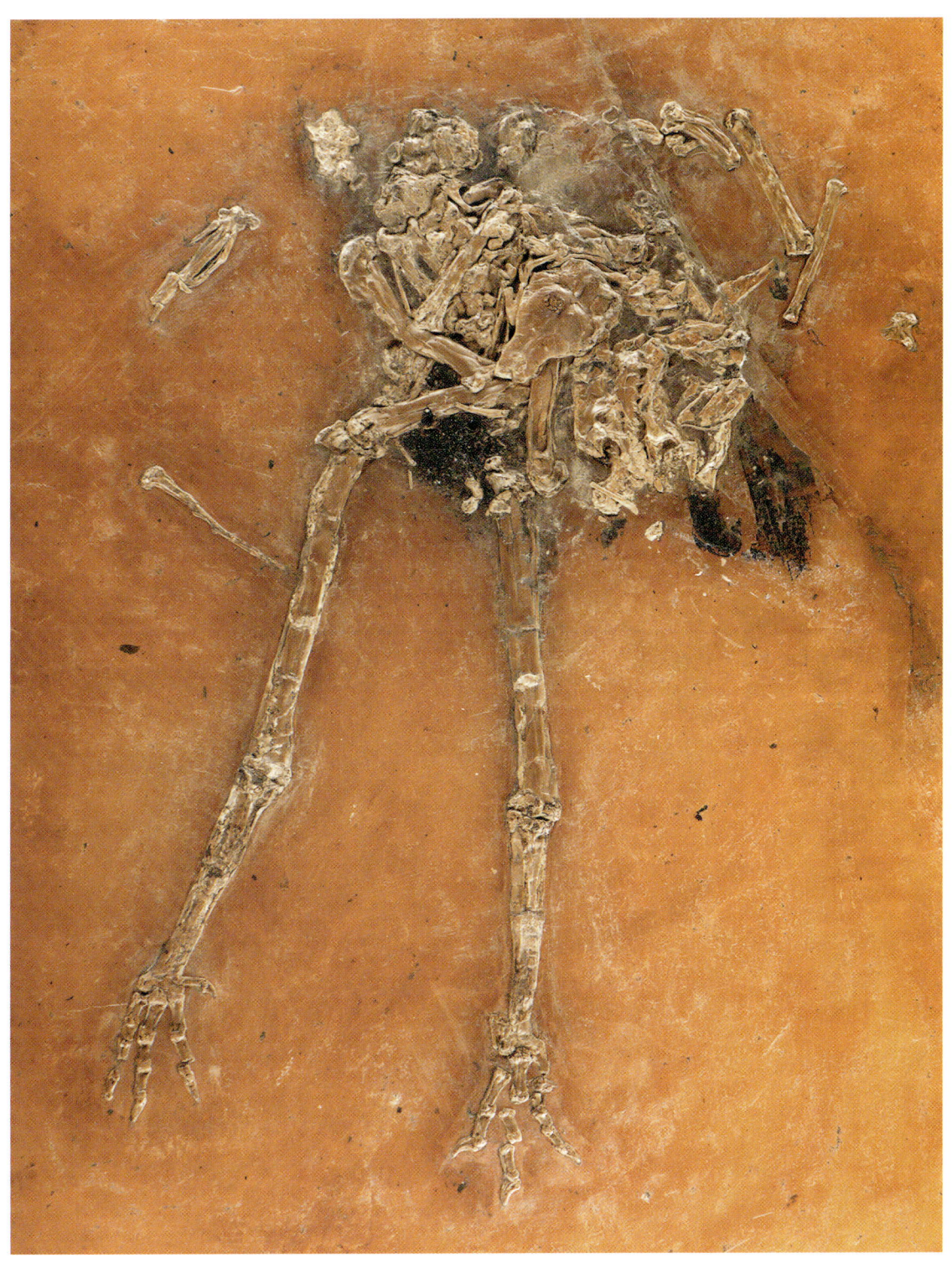

Ein früher Greifvogel

Dies ist einer der zwei ältesten bekannten Greifvögel aus der Familie der Habichtähnlichen (Accipitridae). Soweit man aus den Resten – dem Schädel und den Halswirbeln – schließen kann, mochte er zu Lebzeiten die Größe eines Sperberweibchens erreicht haben. Der Schädel ist in der Längsrichtung gestaucht und wirkt deshalb fast etwas papageiartig. Entzerrt zeigt er aber typische Greifvogelformen. Die Halswirbel sind denen eines heutigen Habichts sogar erstaunlich ähnlich.

Angesichts der differenzierten Vielfalt paläogener Wirbeltiere verwundert die Seltenheit der Greifvögel. Man könnte annehmen, daß die ökologisch als Beutegreifer fungierenden Vögel damals vornehmlich aus anderen Verwandtschaftskreisen (zum Beispiel Gruiformes: Phorusrhacidae) kamen. Andererseits wirkt der Schädel von *Messelastur* durchaus »modern«, so daß er sich kaum als urtümliches Frühstadium einer Entwicklungsreihe deuten läßt. Dazu paßt auch der Befund, daß der Bau der Hinterextremität von *Horusornis vianeyliaudae*, einem anderen eozänen Greifvogel, schon auf eine starke Spezialisierung hinweist.

Vielleicht haben die frühen Greifvögel eine Lebensweise (und damit auch Todesweise) gehabt, die einer Einbettung und Fossilisierung entgegenwirkten.

D. S. Peters

Länge des Schädels: 37 mm.
Literatur: Peters 1994, Mourer-Chauviré 1991.

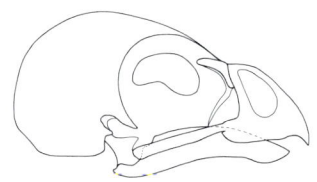

Entzerrte Darstellung
des Schädels von
Messelastur gratulator

MESSELASTUR GRATULATOR
Forschungsinstitut Senckenberg Frankfurt ME 2024
Foto: S. Tränkner

Ein früchtefressender Spechtvogel

Zu den Spechtvögeln zählen nicht nur die bekannten kletternden Arten, sondern auch viele überwiegend im Geäst sitzende Formen, wie zum Beispiel die tropischen Tukane. Trotz dieser unterschiedlichen Lebensweise ist ein gemeinsames Merkmal aller Vertreter dieser Ordnung ein besonderer Fußbau. Während bei den meisten Vögeln drei Zehen nach vorne zeigen und eine nach hinten gerichtet ist, weist bei den Spechten neben der ersten auch die vierte (äußere) Zehe nach hinten. Diese Zehenstellung, die sich außer bei den Spechten auch bei den Kuckucken und Papageien findet, stellt eine Anpassung an das Leben im Geäst dar: die erste Zehe war bei den Vorfahren dieser Gruppen zu kurz, um beim Umklammern von Zweigen nützlich zu sein, so daß diese Aufgabe von der vierten Zehe übernommen wurde.

Kleinvögel mit einem spechtartigen Fußbau sind in Messel verhältnismäßig häufig. Deutlich ist bei dem abgebildeten Exemplar die nach hinten gerichtete vierte Zehe zu sehen, die aus insgesamt fünf Zehengliedern besteht. Da fossile Spechte bisher nur aus geologisch wesentlich jüngeren Zeitabschnitten beschrieben wurden, würden die Vögel aus Messel zu den ältesten Vertretern dieser Gruppe zählen. Sie zeigen jedoch eine für frühtertiäre Wirbeltiere typische mosaikhafte Verteilung von anatomischen Merkmalen verschiedener heute lebender Ordnungen (in der Form des Schnabels und in den Proportionen ähneln sie zum Beispiel mehr den Singvögeln). Die zur Zeit erfolgende wissenschaftliche Bearbeitung dieser Gruppe muß daher klären, ob die Ähnlichkeiten zu den Spechtvögeln Folge einer tatsächlichen Verwandtschaft sind oder nur auf einer gleichartigen funktionellen Anpassung beruhen.

Wir können aus dem Fossil aber auch einen Hinweis auf die Ernährungsgewohnheiten dieses ausgestorbenen Vogels erhalten, da eine Vielzahl von Weintraubenkernen als ehemaliger Inhalt von Magen und Kropf überliefert wurde. Dies zeigt, daß diese Vögel wie die Tukane von Früchten lebten und nicht im Holz nach Insektenlarven hackten.

G. Mayr

Größe des Vogels: ca. 14 cm.
Literatur: Mayr (im Druck).

EINE ARCHAISCHE FLEDERMAUS

Archaeonycteris trigonodon weist als besonderes Merkmal eine Kralle am Zeigefinger auf. Diese Art hat einen geraden Unterarmknochen, der kürzer als bei anderen alttertiären Fledermäusen ist. Die beiden *Archaeonycteris*-Arten zeigen im Unterschied zu den anderen Arten ein größeres Körpergewicht im Verhältnis zur Flügelgröße. Hieraus resultiert eine hohe Flächenbelastung, was zusammen mit der Flügelform darauf hinweist, daß *Archaeonycteris* einen unspezialisierten Flugstil bei mittlerer Fluggeschwindigkeit während des Insektenfangs gezeigt hat. Höchstwahrscheinlich jagten die Fledermäuse im Bereich zwischen den Baumkronen. Der offene Luftraum oberhalb der Baumkronen wurde von den schnell und hoch fliegenden Arten der Gattung *Hassianycteris* genutzt, während die Nahrungsnische dicht am Boden und dicht an oder im Blattwerk von der zierlichen und langsam fliegenden Art *Palaeochiropteryx tupaiodon* besetzt wurde. Am ehesten gleichen die sieben bekannten Messeler Fledermausarten in ihrer Flügelform den heutigen Hufeisennasen, jedoch zeigen die Details des Flügelskeletts und die funktionell bedeutenden Merkmale der Flächenbelastung und der Form des Flügels nahezu so große Unterschiede wie bei heutigen tropischen Fledermäusen. So kann diese älteste bisher bekannte Fledermausgemeinschaft als bereits ökologisch balanciert angesehen werden. Die Schlußfolgerungen zur Ökologie anhand der unterschiedlichen Flügelformen wurden unabhängig hiervon durch Analysen der Mageninhalte für die verschiedenen Messeler Fledermäuse bestätigt.

J. Habersetzer

Länge des Unterarms: 52,5 mm.
Literatur: Habersetzer und Storch 1987, Habersetzer et al. 1994.

ARCHAEONYCTERIS TRIGONODON
Forschungsinstitut Senckenberg Frankfurt ME 963
Foto: B. Simon

TOD DER FLEDERMÄUSE

Schädellänge: ca. 20 mm.
Literatur: Richter und Storch 1980,
Habersetzer und Storch 1987.

Fledermäuse sind in der Grube Messel die mit Abstand am häufigsten gefundenen Säugetiere: bis heute kennen wir sieben Arten, die sich drei ausgestorbenen Kleinfledermaus-Familien zuordnen lassen. Die Fülle der Fossilien ist gleichermaßen überwältigend wie rätselhaft. Fledermausfunde stellen in Seeablagerungen gewöhnlich Raritäten dar, denn als flugfähige Tiere fallen Fledermäuse kaum Überschwemmungen oder morastigen Seeufern zum Opfer, und aus versteckten Quartieren in Baumhöhlen werden sie schwerlich in den See eingespült.

Die Todesursache muß demnach direkt mit spezifischen Eigenschaften des einstigen Messeler Gewässers in Verbindung stehen. Darauf deutet auch die Fossilerhaltung hin: Die meisten Tiere sind mit angefülltem Verdauungstrakt überliefert, die vollständigen Skelette zeigen keine Einwirkungen räuberischer Feinde, und juvenile oder sehr alte Individuen, also Altersgruppen mit erhöhter natürlicher Mortalitätsrate, sind ausgesprochen selten. All dies läßt darauf schließen, daß die Tiere aus einem aktiven, vollvitalen Zustand heraus in den See gestürzt sind und ertranken.

Als mögliche Absturzursache kommen vor allem Giftgaswolken in Frage, seien sie nun biogenen oder vulkanischen Ursprungs. Das erfordert keineswegs die Annahme eines dramatischen Dauerszenarios, denn Fledermäuse wurden wohl im Vergleich zu anderen Säugern häufig gefunden, im Hinblick auf die sehr lange Existenz des einstigen Gewässers sind ihre Funde aber immer noch als selten zu bezeichnen. Es hätte genügt, wenn Giftgase nur lokal und in längeren Zeitabständen aus dem See ausgetreten wären.

Das abgebildete Weibchen von *Palaeochiropteryx tupaiodon* war im »besten Alter« und mit zwei Föten schwanger, deren Milchzähnchen beiderseits im Abdomen zu erkennen sind.

G. Storch

PALAEOCHIROPTERYX
TUPAIODON
RIPPENKORB UND ZÄHNE
EINES FÖTUS

Hessisches Landesmuseum Darmstadt
Me 15429
Foto: B. Simon

PALAEOCHIROPTERYX TUPAIODON
MIT ZWEI FÖTEN

Hessisches Landesmuseum Darmstadt Me 15429
Foto: J. Habersetzer

ECHOORTUNG IM ALTTERTIÄR

Literatur: Habersetzer und Storch 1992, Habersetzer et al. 1994.

Alle Messeler Fledermausarten ernährten sich von Insekten. Fraglich ist, ob beim Fang der Beutetiere in der Luft die Fähigkeiten, Ultraschallwellen zu hören und zu verarbeiten, genauso perfekt ausgebildet waren wie bei den heutigen Fledermäusen. Bei Röntgenaufnahmen von über 500 Fledermausfossilien konnten nur in sehr wenigen Fällen vollständig erhaltene Innenohren gefunden werden. Die knöcherne Innenohr-Kapsel zeigt sich aufgrund der starken Röntgenabsorption in der Form weißer kugeliger Gebilde. Die sehr zerbrechlichen knöchernen Gänge des Bogengangapparats wurden nie in ihrer ursprünglichen dreidimensionalen Position erhalten, jedoch kann man die doppelt konturierten Fragmente im Röntgenbild erkennen.

Innerhalb der Knochenkapsel kann man anhand der spiraligen Röntgenschatten die Zahl der Windungen innerhalb der Cochlea (Gehörschnecke) erkennen. Röntgenserien aus verschiedenen Betrachtungswinkeln erlauben sogar, die Strecke zwischen den spitzen Knochenleisten zu bestimmen, aus der die Breite der Basilarmembran (Träger der Sinneszellen des Hörorgans) ermittelt werden kann. Da Ultraschall nur im basalen Teil des Innenohres in neuronale Aktivität umgesetzt wird, stellt der Durchmesser der Basalwindung ein ebenfalls wichtiges Kriterium für die akustische Spezialisierung dar.

Wenn man diese morphologischen Daten des Innenohres mit denen von heute lebenden Fledermäusen vergleicht, können folgende Schlußfolgerungen gezogen werden: alle Messeler Fledermäuse waren Echoorter, indem sie die Echos ihrer Ortungslaute zur Orientierung in der Dunkelheit benutzt haben. Es gibt jedoch keine morphologischen Hinweise, daß sie sehr hochfrequenten Ultraschall benutzt haben. Obwohl die Flügelformen und damit höchstwahrscheinlich auch die Flugeigenschaften denen der heutigen Fledermäuse entsprochen haben, war der Spezialisationsgrad des Echoortungssystems weniger perfekt ausgeprägt.

J. Habersetzer

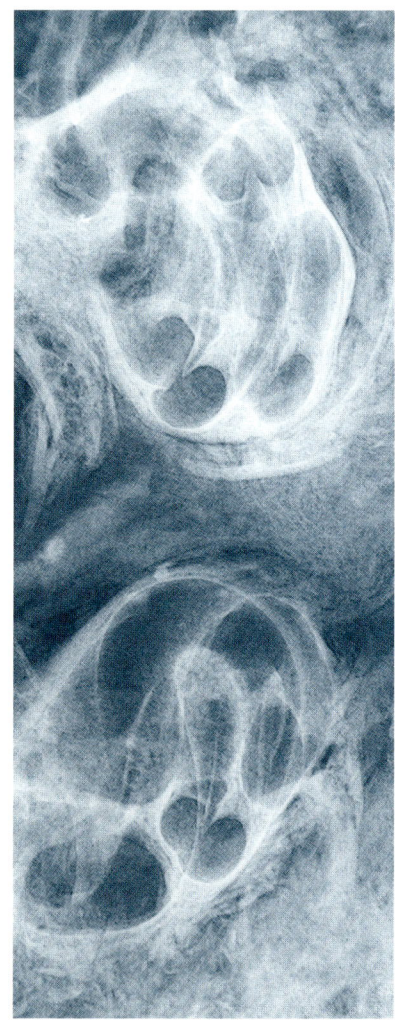

HASSIANYCTERIS MESSELENSIS
INNENOHRSCHNECKEN
Staatliches Museum für Naturkunde
Karlsruhe Me 414
Röntgenbild: J. Habersetzer

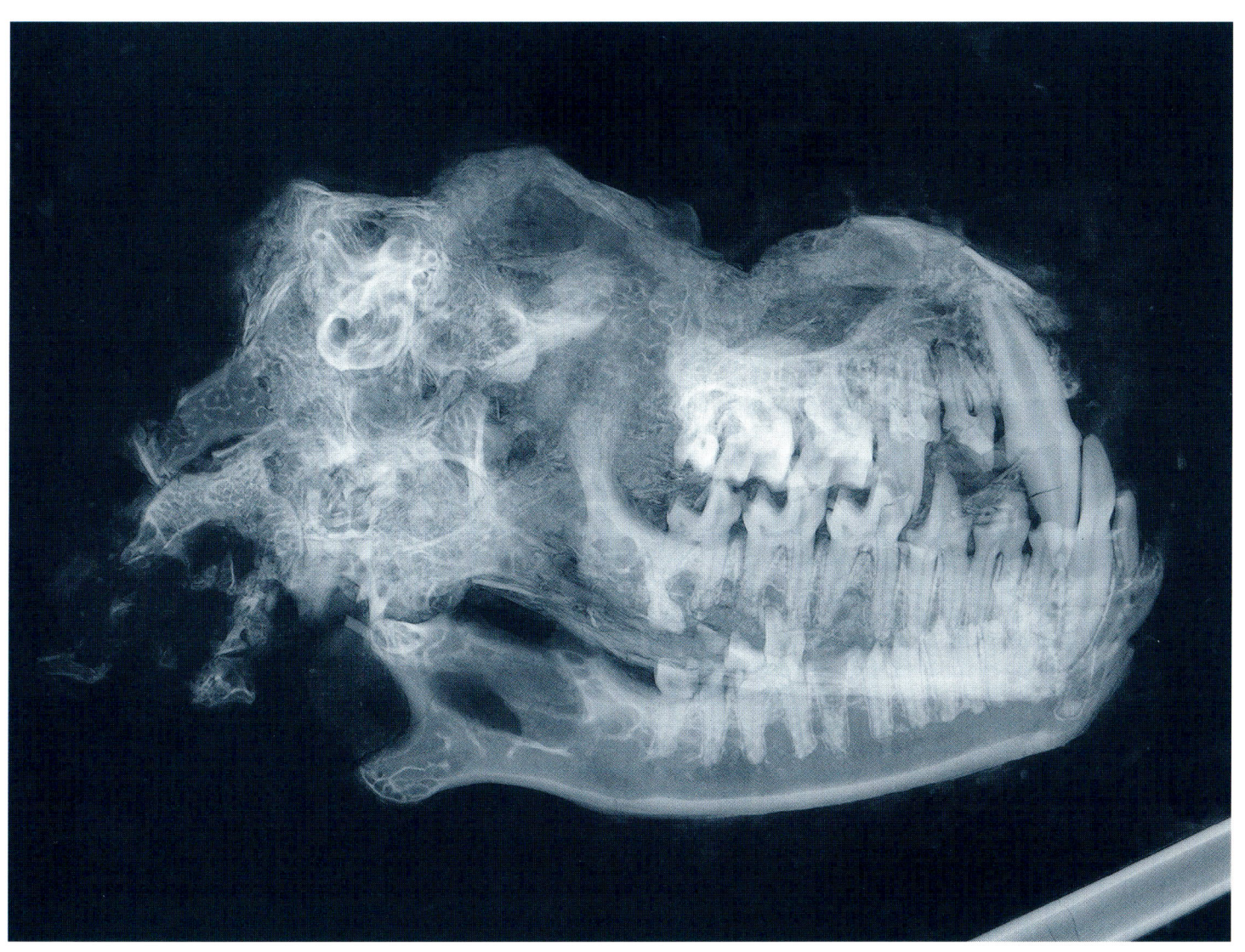

SCHÄDEL VON
HASSIANYCTERIS MESSELENSIS

Forschungsinstitut Senckenberg
Frankfurt ME 1414
Röntgenbild: J. Habersetzer

DIE NAHRUNG DER FLEDERMÄUSE

Die Zahl der Fledermausfunde in Messel ist sehr hoch. Wichtiger aber noch als das quantitative Vorkommen ist der Erhaltungszustand der Tiere, der neben den vollständigen Skeletten oft auch die Umrisse der Körper und Flughäute erkennen läßt. Auffallend viele Exemplare enthalten Reste der aufgenommenen Nahrung, so daß wir über die Art ihrer Ernährung gut informiert sind. Alle in Messel gefundenen Fledermäuse waren Insektenjäger, denn in ihren Magen-Darm-Inhalten finden sich große Mengen von Chitinteilen ihrer Beutetiere. Am auffälligsten – und schon bei relativ geringer Vergrößerung im Umriß erkennbar – sind die Schuppen von Schmetterlingen. Bei der kleinsten aus Messel bekannten Fledermausart, *Palaeochiropteryx tupaiodon*, dominieren diese Schuppen so deutlich vor allen anderen Chitinstrukturen, daß wir diese Art als spezialisierten Schmetterlingsjäger bezeichnen können. Gleichzeitig sagen uns diese Funde, daß die Schmetterlingsfauna von Messel sehr arten- und individuenreich gewesen sein muß, um einer so häufigen Fledermausart als nahezu einzige Nahrungsquelle zu genügen. Dies steht in deutlichem Widerspruch zur Seltenheit von Schmetterlingsfunden im Messeler Ölschiefer, was jedoch leicht zu erklären ist: Schmetterlinge sind »Leichtkonstruktionen« mit großer Oberfläche; sie werden deshalb meist zersetzt und in Einzelteile zerlegt, während sie an der Wasseroberfläche treiben. Wie hervorragend die Erhaltung des Chitins im Ölschiefer von Messel ist, beweist das nebenstehende Bild, das die Feinheiten einer Oberflächenstruktur zeigt.

G. Richter

Abstände zwischen den Rippen: ca. $^1/_{1000}$ mm.
Literatur: Richter 1993, Richter und Storch 1980.

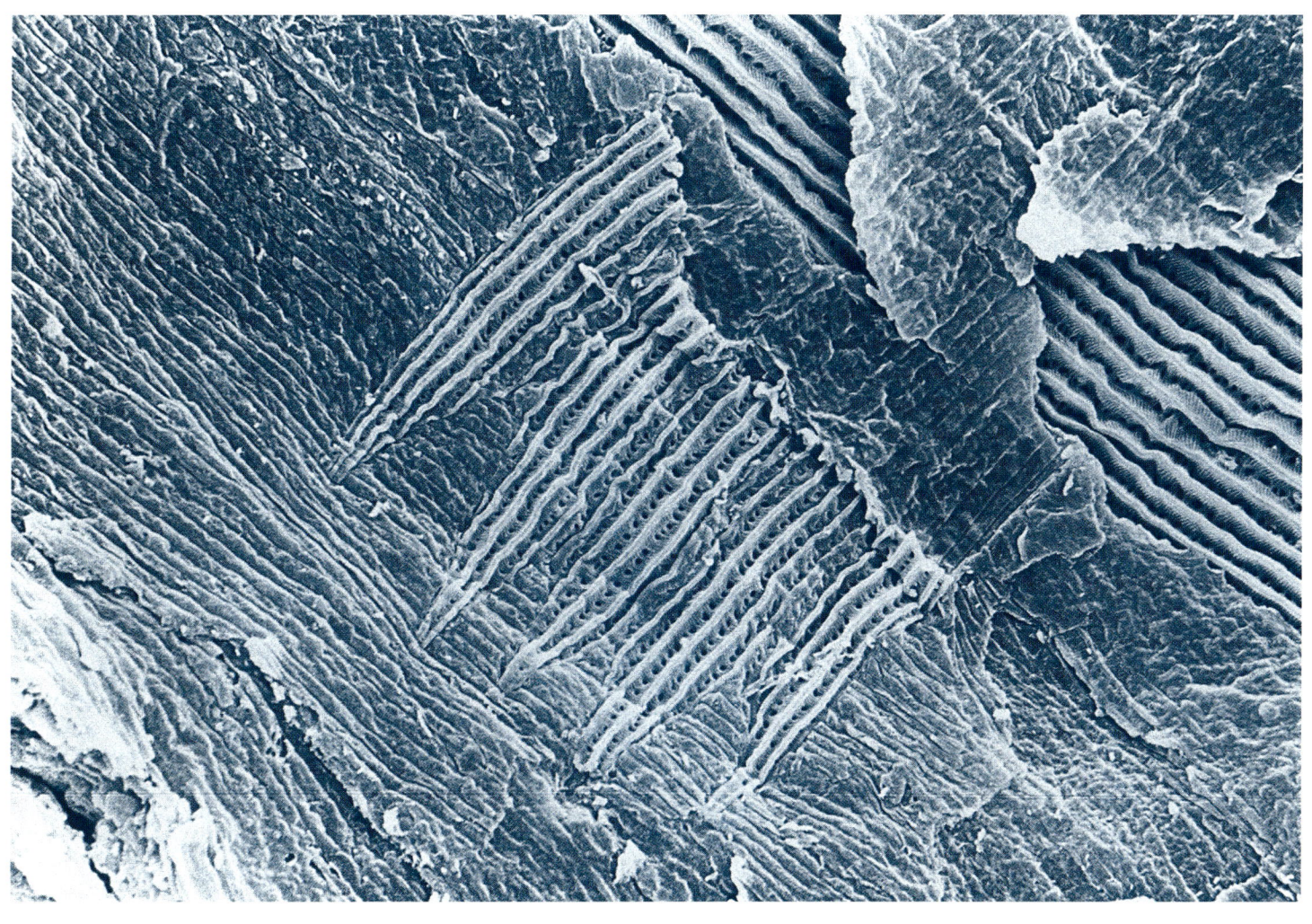

SCHMETTERLINGSSCHUPPEN AUS DEM
MAGENINHALT VON
PALAEOCHIROPTERYX TUPAIODON

Foto: G. Richter

KAMPF DER VERGÄNGLICHKEIT

Die Schönheit der Messel-Fossilien läßt zwei wichtige Aspekte nur allzu-
leicht in Vergessenheit geraten: Skelettfunde von Landtieren sind auch in
Messel extrem selten. Wenn eine aus zehn Personen bestehende Grabungs-
mannschaft vier Wochen lang entsprechend wissenschaftlicher Methoden gräbt,
besteht vielleicht die Chance, ein einziges Skelett eines Landsäugers zu finden.
Dieses ist dann aber auch aller Wahrscheinlichkeit nach hervorragend erhalten
und von hohem wissenschaftlichem Wert. Fische, Pflanzenreste und Insekten
kommen allerdings wesentlich häufiger vor.

Nach einem glücklichen Fund setzt ein Wettlauf mit der Zeit ein. Der
Ölschiefer enthält im bergfeuchten Zustand sehr viel Wasser, das mit dem
Aufspalten sogleich zu entweichen beginnt. An einem warmen Sommertag
dauert es nur wenige Minuten, bis die frische Ölschieferplatte die ersten Risse
zeigt. Nach einer halben Stunde wäre das eben gefundene Fossil schon verlo-
ren, wenn es nicht gelänge, die Platte samt dem Fossil feucht zu halten.
Deswegen werden die Fossilien so schnell wie möglich feucht eingewickelt und
in eine Plastiktüte eingeschweißt. So kann man sie über gewisse Zeit lagern, bis
die Präparation in Angriff genommen wird.

Die Präparation besteht darin, das Fossil auf eine künstliche Matrix
umzubetten und anschließend vom Ölschiefer zu befreien. Hierfür wird das
einseitig freigelegte Fossil, das zusammen mit dem Ölschiefer immer noch
feucht gehalten werden muß, mit einem Ton-Rahmen umgeben, so daß es wie
am Boden einer Schüssel liegt. Nun wird das Fossil abgetrocknet, nicht aber der
Ölschiefer. Im richtigen Moment wird sodann flüssiger Kunststoff in die
Wanne eingegeben, der in die etwas angetrockneten Knochen eindringen soll,
nicht aber in den Ölschiefer. Wenn der Kunststoff ausgehärtet ist, wird das
Präparat gewendet und der Ölschiefer mit Messern, Bürsten und Nadeln voll-
ständig abgetragen. Ein Sandstrahlgerät kann für Details sehr wichtige Hilfe
leisten. Durch diese Methode bleibt einerseits die ursprüngliche Fundlage der
Skelettelemente erhalten, und andererseits wird die unverletzte Seite der
Knochen, die bislang im Ölschiefer verborgen war, freigelegt. Neben den
Knochen sollen auf dem künstlichen Träger auch eventuell vorhandene
Hautschatten und ein Schimmer des Ölschiefers erhalten bleiben.

Für die zahlreichen Arbeitsgänge sind große Erfahrung, Können und viel
Geduld erforderlich. Nur so entsteht schließlich aus einem Fund auch ein
Schaustück.

W. v. Koenigswald

VERWITTERNDER ÖLSCHIEFER
Foto: J. Habersetzer

Das grosse Bild

Die Vielfalt der gut erhaltenen Fossilien aus Messel gewährt einen einmaligen Blick auf die Pflanzen und Tiere sowie deren Umwelt in einer Zeit vor rund 50 Millionen Jahren. Die Funde sind unumstößliche Zeugen und eignen sich deshalb zur Überprüfung unserer bisherigen Vorstellungen. Stimmen sie, oder müssen sie modifiziert werden? Nur so ist es möglich, ein in sich stimmiges Bild zu entwerfen. Die Fossilien weisen uns dabei auch nachdrücklich auf Fragen hin, die bislang noch nicht hinreichend beantwortet werden konnten.

Der Lebensraum

Der Lebensraum von Messel ist in seinem allgemeinen Rahmen relativ gut zu beschreiben: Es war ein See inmitten eines Urwaldes unter warmen, paratropischen Verhältnissen. Auf dem Lande bot eine reiche Vegetation Lebensraum für eine vielgestaltige Fauna. Man kann den einzelnen Tieren Habitate am Waldboden oder im Geäst der Bäume zuweisen. Im Detail werden wir jedoch mit Schwierigkeiten konfrontiert. Wenn der See – zumindest in der oberen Wasserschicht – ständig von Fischen bewohnt war, so ist das fast vollständige Fehlen von Wasserinsekten erklärungsbedürftig. Es ist auch schwer vorstellbar, daß die überlieferten Tierleichen in den See gelangt sind, ohne daß sie von den Raubfischen und Krokodilen angefressen wurden, bevor sie auf den Grund sanken. Wären unsere schönen Funde nur glückliche Ausnahmen, dann müßten wesentlich häufiger Einzelknochen von aufgearbeiteten Tierkadavern gefunden werden. Dies ist aber bislang nicht der Fall.

Vielleicht war der See gar nicht so idyllisch, wie man es zunächst annehmen möchte. Es besteht die Möglichkeit, daß der See jeweils nur relativ kurzfristig

von Fischen aus einem Flußsystem besiedelt wurde, ansonsten aber weitgehend lebensfeindlich war. Auf ganz ungewöhnliche Bedingungen weist die relativ hohe Zahl der entdeckten Fledermäuse hin. Es sind die häufigsten Säugetiere, obwohl Fledermausskelette ansonsten eine große Seltenheit sind. Die Fledermäuse von Messel befinden sich, wie die meisten anderen Tiere auch, in einem völlig unverdächtigen Gesundheitszustand und hatten gut gefüllte Mägen. Wie kommt es, daß die toten Tiere unbeschadet zu Boden sinken konnten? Nur Vögel, die wegen der im Gefieder gefangenen Luft lange auf dem Wasser treiben, zeigen durch Fäulnis entstehende Zerstörung: Oft sind die Hälse abgerissen, so daß die schweren Köpfe getrennt vom Körper eingebettet wurden.

Um die Spekulationen möglichst gering zu halten, pflegt der Paläontologe zunächst nach vergleichbaren Verhältnissen in der Gegenwart zu suchen, um dort die Ursachen zu studieren, die für diese besondere Fossilüberlieferung verantwortlich sein könnten.

In der Beschreibung mehrerer Fossilien klang bereits an, daß als Todesursache für manche Tiere Gasausbrüche aus dem See postuliert werden. Giftige Gase können aus dem vulkanischen Untergrund – sofern überhaupt vorhanden – oder aus dem Faulschlamm des Sees stammen. Bisher kennt man aber nur wenige rezente Beispiele für solche Vorgänge: In Afrika hat 1987 eine Giftgaswolke Menschen und Tiere in der Umgebung des Nyos-Sees in Kamerun getötet, auch die Fauna im See und in der Luft darüber. Wenn nach einem solchen Ereignis ein heftiger Regen die Kadaver in den See schwemmt, könnte ein Erhaltungsmuster wie bei Messel entstehen. Ein derartiges Modell muß aber, bevor es akzeptiert werden kann, durch weitere Indizien an der Fundstelle selbst bestätigt werden. Zum Beispiel müßten die Fossilien in den Lagen gehäuft liegen, die zeitlich den Gaseruptionen entspre-

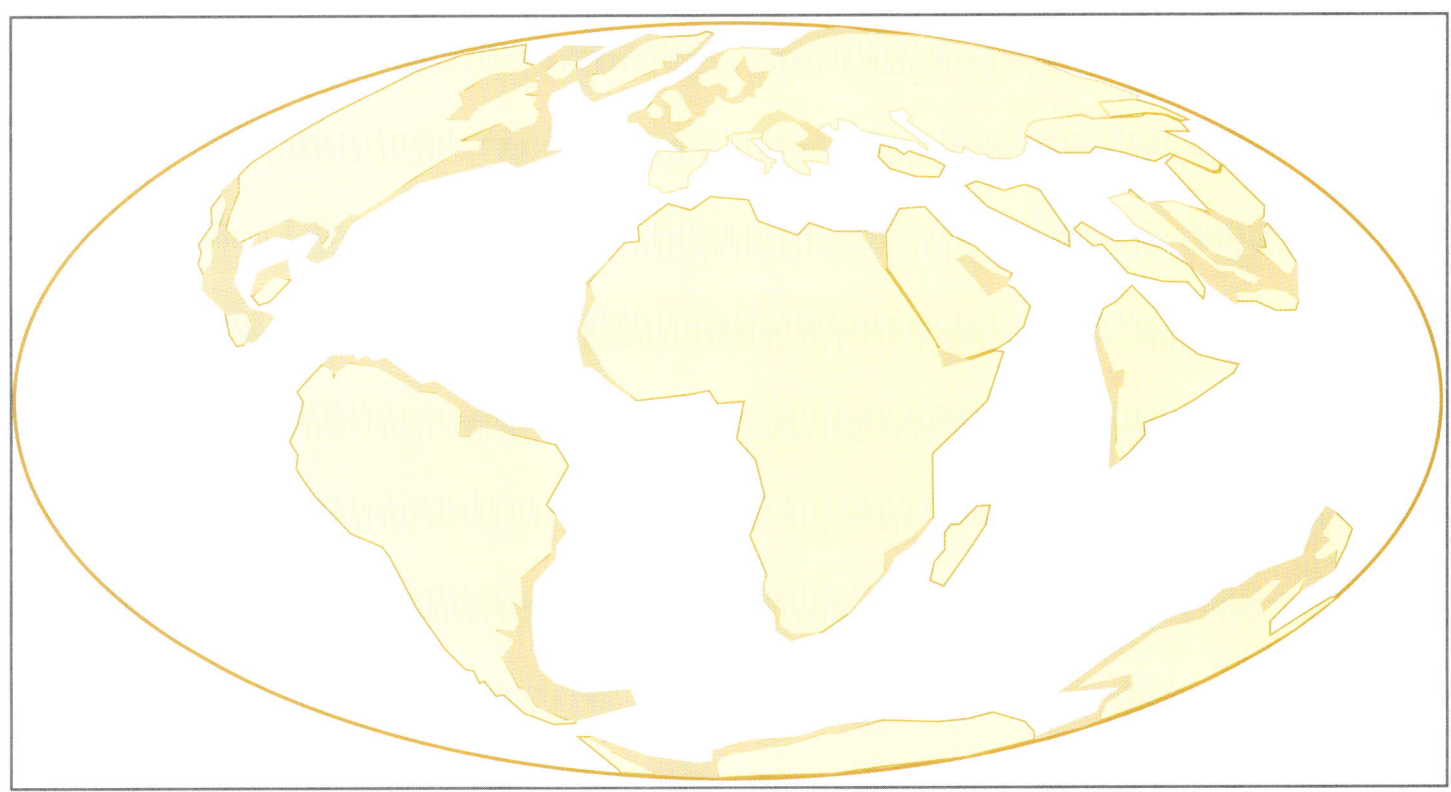

Die Lage der Kontinente im Eozän (nach Th. Schmidt). Schelfgebiete braun dargestellt.

chen. Der Nachweis einer solchen Fundlagerung ist aber in Messel aus zwei Gründen sehr schwierig: Erstens ist die Schichtung in Messel extrem fein; wahrscheinlich sind pro Jahr weniger als ein Millimeter Ölschiefer abgelagert worden. Deshalb repräsentiert jede herausgebrochene Schichtplatte eine recht lange Zeitspanne. Sie kann kaum genauer aufgelöst werden, weil die dicken Knochen kaum einer bestimmten dünnen Jahreslage zugeordnet werden können. Wenn die katastrophalen Ereignisse weit genug auseinanderlägen, müßte man die Fossilien lagenweise angereichert finden. Hierfür wäre eine großräumige Beobachtung der einzelnen Lagen in der Grube Messel erforderlich, die aber durch den zweiten erschwerenden Grund, die Konsistenz des Ölschiefers, unmöglich gemacht wird. Die feinen Schichten des Ölschiefers sind einander so ähnlich, daß man sie über größere Flächen nicht sicher verfolgen kann. Die Schichtflächen können auch nicht großräumig freigelegt werden, weil der Ölschiefer zu

schnell verwittert. Vielleicht hat man in einigen Jahren oder Jahrzehnten bessere methodische Verfahren entwickelt. Als Alternative zu der dramatischen Auslöschung allen Lebens läßt sich auch ein weniger dramatisches Szenario mit nur lokal aus dem See austretenden Giftgaswolken vorstellen. Die Fossillagerstätte wurde ja deshalb unter Schutz gestellt, damit der Ölschiefer für spätere Untersuchungen mit neuen Methoden zugänglich ist.

Das Alter der Seeablagerungen

Es gibt für Messel keine direkte, numerische Altersbestimmung, etwa an radioaktiven Isotopen, weil kein frisches vulkanisches Material für die Datierung zur Verfügung steht. Die ^{14}C-Methode, die auf der Analyse der Kohlenstoff-Isotope beruht, reicht gerade 50 000 Jahre zurück und ist daher für Messel nicht brauchbar.

Aber die Entwicklungshöhe der einzelnen Arten erlaubt einen recht sicheren Vergleich mit anderen Fundstellen; auf diese Weise können zumindest relative Altersverhältnisse ermittelt werden.

Für diese biostratigraphische Alterseinstufung von Messel spielt der Evolutionsstand der Urpferde die entscheidende Rolle. Der Vergleich mit den vielen Fundstellen des Alttertiärs in Europa und Nordamerika stellt Messel in das mittlere Eozän. Die Pferde erlauben wegen ihrer schnellen stammesgeschichtlichen Entwicklung auch innerhalb des Mittel-Eozäns eine sehr feine Abstufung. Die Flözfolge der Braunkohlen aus dem Geiseltal bei Halle, auf deren Fossilien mehrfach Bezug genommen wurde, deckt einen wesentlich längeren Zeitraum ab als die (zugänglichen) Sedimente von Messel. Aufgrund seiner Fossilien kann Messel mit den untersten Schichten des Geiseltales zeitlich gleichgestellt werden; beide gehören zur Zone MP 11 der Fachterminologie. Die Maarfüllung von Eckfeld in der Eifel, die bei der Beschreibung einzelner Fossilien ebenfalls mehrfach genannt wurde, entspricht dem oberen Bereich der Geiseltalfolge (MP 13) und ist damit deutlich jünger als Messel, obwohl alle Fundstellen in das Mittel-Eozän gehören. Der genaueste numerische Wert für das mutmaßliche Alter der Ablagerungen !liegt bei 49 Millionen Jahren.

Zeugnisse der Evolution

Die Zeitspanne, die durch die zugänglichen Sedimente der Grube Messel repräsentiert wird, mutet im Vergleich zum Alter von rund 50 Millionen Jahren wie ein geologischer Augenblick an. Aus diesem Grund sind bisher auch noch keine evolutiven Unterschiede zwischen Funden aus den älteren und jüngeren Schichten auffällig geworden. Die Fossilien von Messel entsprechen einer Momentaufnahme, die aus sich selbst heraus keine Aussagen zur Evolution erlaubt. Aber ein Vergleich mit anderen – älteren und jüngeren – Fundstellen zeigt sehr deutlich, daß jede Zeitscheibe ein evolutives Durchgangsstadium darstellt. Die Gegenüberstellung der Messeler Fauna mit der heutigen Tierwelt ergibt beispielsweise, daß die Evolution nicht schematisch und nicht überall mit gleicher Geschwindigkeit abläuft. Vergleicht man etwa die Urpferdchen, die in Gestalt und Größe der Ursprungsform aller Pferde ähnelten, mit den modernen Pferden, so sehen wir, welch langer Entwicklungsweg durchlaufen werden mußte: Nicht nur die Körpergröße hat erheblich zugenommen, sondern das Gebiß wurde völlig umgebaut, um Gras fressen zu können, und die Zehenzahl wurde verringert.

Dagegen muten die Fledermäuse aus Messel bereits sehr modern an. Sie würden, lebten sie noch heute, kaum aus dem Rahmen fallen. Sind Fledermäuse deswegen heute »altmodisch«? Nein, sie haben eine besondere Nische erobert: Sie fangen im Fluge Insekten, ähnlich wie viele Vögel. Die Fledermäuse wichen aber einer direkten Konkurrenz aus, weil sie durch die Echoortung nicht auf Tageslicht angewiesen sind. Solange diese Nische erhalten bleibt, ist keine Veränderung des Grundbauplanes erforderlich.

Wiederum anders ist die Evolutionsgeschwindigkeit bei den Primaten. Im Alttertiär gab es sehr verschiedene Formen von Halbaffen. Der Entwicklungsweg, der wohl von ähnlichen Formen seinen Ausgang nahm und über die Affen und Menschenaffen bis hin zum Menschen führte – der erst vor rund 5 Millionen Jahren auftauchte –, war sehr lang. Entsprechend schnell müssen die einzelnen Stufen durchlaufen worden sein. Nach wie vor kommen aber auch Halbaffen vor. Sie sind zwar gegenüber den Formen des Alttertiärs etwas abgewandelt, gehören aber grundsätzlich noch zum gleichen Typus. Die Evolutionsgeschwindigkeit verlief also bereits innerhalb dieser Ordnung äußerst unterschiedlich.

Paläogeographische Beziehungen

Mehrfach wurde auf eine enge Beziehung der Messeler Fossilien zur gleichaltrigen Säugetierfauna Nordamerikas hingewiesen; zum Beispiel kommen der Riesenlaufvogel *Diatryma* und der kleine Insektenfresser *Macrocranion* auf beiden Kontinenten vor.

Grundsätzlich unterscheiden sich die Landfaunen isolierter Kontinente. Aber da sich die Kontinentalplatten auf dem Globus verschoben haben, war Nordamerika keineswegs immer isoliert. Erst im Alttertiär öffnete sich der nördliche Nordatlantik; an der Grenze zwischen Paläozän und Eozän gab es einen intensiven Austausch zwischen Nordamerika und Europa. Dies geschah, im geologischen Maßstab gesehen, »kurze« Zeit vor der in Messel belegten Fauna. Dieser Austausch erfolgte über eine Landverbindung im hohen Norden; er ist nicht nur theoretisch erschlossen, sondern durch Funde von Ellesmere Island im Nordosten von Grönland gestützt worden. Die Polarregion war damals noch eisfrei, und das Klima erlaubte es sogar Reptilien, nämlich bestimmten Gattungen von Krokodilen und Waranen, ihren Lebensraum über diese hohen Breiten auszudehnen. Aufregend ist dabei, daß diese Landbrücke im geographischen Rahmen bereits damals nördlich des Polarkreises lag. Damit waren auch die wechselwarmen Tiere der Dunkelheit der Polarnacht ausgesetzt, doch hat ihnen dies offensichtlich nicht geschadet.

Zur Zeit von Messel existierte diese Landverbindung bereits nicht mehr, wie aus der eigenständigen Entwicklung der Tierarten auf beiden Kontinenten hervorgeht. Im Weltbild der Paläontologen ist dieser Faunenaustausch zwischen Nordamerika und Europa fest etabliert, und die Befunde aus Messel fügen sich bestens in dieses Bild.

Trotzdem bleibt noch ein großes paläogeographisches Problem offen. *Eurotamandua*, der Ameisenbär aus Messel, ist ein südamerikanisches Faunenelement, das in Nordamerika nicht vorkommt, weil Südamerika während des gesamten Tertiärs von Nordamerika ebenso wie von Afrika getrennt war. Der Fund von *Eurotamandua* zeigt nachdrücklich, daß dieses paläogeographische Bild des endgültigen Auseinanderbrechens der Kontinentverbindungen nochmals überdacht beziehungsweise, was noch besser wäre, durch entsprechende Funde belegt werden muß. In der Fauna von Messel sind unter den Krokodilen und besonders den Vögeln ebenfalls Elemente der südamerikanischen Fauna zu finden. Man zieht mögliche Verbindungen zwischen Südamerika und Afrika sowie von Afrika nach Europa in Erwägung. Aber aus Afrika fehlen noch die entscheidenden Funde. Die Faunen aus Nordamerika kennt man dagegen so gut, daß kaum davon auszugehen ist, diese Elemente seien dort übersehen worden.

Chancen für neue Entdeckungen

Obwohl aus Messel bereits eine beachtliche Fülle hervorragender Funde vorliegt, kann man immer noch auf völlig neue Informationen durch weitere Fossilfunde hoffen. Zwei augenfällige Beispiele seien hier genannt: So wie der Skelettfund vom »Langfinger« *Heterohyus* erstmals die Lebensweise dieser Tiergruppe erklären konnte, sind für zahlreiche Gruppen alttertiärer Säugetiere weitere derart aufschlußreiche Skelettfunde wünschenswert, etwa für die Multituberculata oder die Plagiomenidae, die durchaus in Messel vorkommen könnten.

Die Blüten in Messel bieten für die Paläobotanik die willkommene Möglichkeit, die aus den Sedimenten längst bekannten Pollenformen mit einer bestimmten Blütenmorphologie in Verbindung zu bringen. Weil beide Pflanzenorgane nach eigenen Systemen benannt werden mußten, war auch die ökologische Aussagekraft der Pollenfloren begrenzt.

Die Unterschutzstellung der Fossillagerstätte Messel läßt einerseits auf neue Funde hoffen, denn die Grube Messel soll ausdrücklich weiter erforscht werden. Es ist aber ebenso wichtig, daß der Ölschiefer mit seinen hervorragenden Fossilien auch künftigen Forschergenerationen zur Verfügung steht. Sie werden mit neuen Methoden weitergehende Fragen zu lösen versuchen und unsere Arbeitsweisen für veraltet erklären. Weil Grabungen immer mit einer Teilzerstörung einhergehen, muß man verantwortungsbewußt mit diesem Schatz umgehen und das Ausmaß der Grabungen – trotz der Möglichkeit vieler verlockender Funde – darauf abstimmen.

W. v. Koenigswald und G. Storch

LITERATURVERZEICHNIS

Umfassende Bücher zu Messel

BEHNKE, CH., EIKAMP, H. & ZOLLWEG, M. (1986): Die Grube Messel. 168 S. – Korb (Goldschneck-Verlag).

FRANZEN, J. L. (1977): Urpferdchen und Krokodile. Messel vor 50 Millionen Jahren. – Kleine Senckenberg-Reihe, **7**: 1–36, Frankfurt a. M.

HEIL, R., KOENIGSWALD, W. v., LIPPMANN, H. G., GRANER, D. & HEUNISCH, C.: Fossilien der Messel-Formation. 159 S. – Darmstadt (Hessisches Landesmuseum).

SCHAAL, S. & ZIEGLER, W. [Hrsg.]: Messel – Ein Schaufenster in die Geschichte der Erde und des Lebens. 315 S. – Frankfurt a. M. (Verlag W. Kramer).

WOLF, H. W. (1988): Schätze im Schiefer. 114 S. – Braunschweig (Westermann Verlag).

Zur Geschichte der Grube Messel

SCHAAL, S. & SCHNEIDER, U. (1995): Chronik der Grube Messel. 276 S. – Gladenbach (Verlag Kempkes).

Zitierte Einzelarbeiten

BERG, D. E. (1965): Nachweis des Riesenlaufvogels *Diatryma* im Eozän von Messel bei Darmstadt/Hessen. – Notitzbl. Hess. Bodenforsch., **93**: 68–72; Wiesbaden.

CLEMENS, W. A., KOENIGSWALD, W. v. (1993): A new skeleton of *Kopidodon macrognathus* from the Middle Eocene of Messel and the relationships of paroxyclaenids and pantolestids based on postcranial evidence. – Kaupia, **3**: 57–73; Darmstadt.

FRANZEN, J. L. (1981a): Das erste Skelett eines Dichobuniden (Mammalia, Artiodactyla), geborgen aus mitteleozänen Ölschiefern der »Grube Messel« bei Darmstadt (Deutschland, S-Hessen). – Senckenbergiana lethaea, **61**: 299–353; Frankfurt a. M.

FRANZEN, J. L. (1981b): *Hyrachyus minimus* (Mammalia, Perissodactyla, Helatidae) aus den mitteleozänen Ölschiefern der »Grube Messel« bei Darmstadt (Deutschland, S-Hessen). – Senckenbergiana lethaea, **61**: 371–376; Frankfurt a. M.

FRANZEN, J. L. (1983): Ein zweites Skelett von *Messelobunodon* (Mammalia, Artiodactyla, Dichobunidae) aus der »Grube Messel« bei Darmstadt (Deutschland, S-Hessen). – Senckenbergiana lethaea, **64**: 403–445; Frankfurt a. M.

FRANZEN, J. L. & FREY, E. (1993): *Europolemur* completed. – Kaupia, **3**: 113–130; Darmstadt.

FREY, E., LAEMMERT, A. & RIESS, J. (1987): *Baryphracta deponiae* n.g. n.sp. (Reptilia, Crocodylia), ein neues Krokodil aus der Grube Messel bei Darmstadt (Hessen, Bundesrepublik Deutschland). – N. Jb. Geol. Paläont. Mh., **1987**: 15–26; Stuttgart.

GAUDANT, J. (1981): Sur *Thaumaturus* REUSS (Poisson téléostéen), ostéoglossomorphe fossile du Cénozïque européen. – C. R. Acad. Sci. Paris, sér. II, **293**: 787–790; Paris.

GAUDANT, J. (1987): Mise au point sur certains poissons Amiidae du Cénozoïque européen: le genre *Cyclurus* AGASSIZ (= *Kindleia* JORDAN). – Paläont. Z., **61**: 321–330; Stuttgart.

GOTH, K. (1990): Der Messeler Ölschiefer – ein Algenlaminit. – Courier Forsch.-Inst. Senckenberg, **131**: 1–143; Frankfurt a. M.

GOTH, K., DE LEEUW, J. W., PÜTTMANN, W. & TEGELAAR, E. W. (1988): Origin of Messel Oil Shale kerogen. – Nature, **336**: 759–761; London.

GREENE, H. W. (1983): Dietary correlates of the origin and radiation of snakes. – Amer. Zool., **23**: 431–441; Lawrence.

HABERSETZER, J. & STORCH, G. (1987): Klassifikation und funktionelle Flügelmorphologie paläogener

Fledermäuse (Mammalia, Chiroptera). – Courier Forsch.-Inst. Senckenberg, **91**: 117–150; Frankfurt a.M.

HABERSETZER, J. & STORCH, G. (1992): Cochlea size in extant Chiroptera and Middle Eocene microchiropterans from Messel. – Naturwissenschaften, **79**: 462–466; Berlin.

HABERSETZER, J., RICHTER, G. & STORCH, G. (1994): Paleoecology of early Middle Eocene bats from Messel, FRG. Aspects of flight, feeding and echolocation. – Hist. Biol., **8**: 235–260; London.

HARTENBERGER, J.-L. (1968): Les Pseudosciuridae (Rodentia) de l'Éocène moyen et le genre *Masillamys* TOBIEN. – C. R. Acad. Sci. Paris, **267**: 1817–1820; Paris.

HESSE, A. (1990): Die Beschreibung der Messelornithidae (Aves: Gruiformes, Rhynocheti) aus dem Alttertiär Europas und Nordamerikas. – Courier Forsch.-Inst. Senckenberg, **128**: 1–176; Frankfurt a.M.

HOUDE, P. & OLSON, S. L. (1992): A radiation of Coly-like birds from the Eocene of North America (Aves: Sandcoleiformes new order), 137–160. In: K. E. CAMPBELL Jr. (Ed.): Papers in avian paleontology honoring Pierce Brodkorb. Science Series Natur. Hist. Mus. Los Angeles County, No. **36**; Los Angeles.

KELLER, TH. & WUTTKE, M. (im Druck): Ein Messeler Frosch mit Beutetier (Grube Messel, Mittel-Eozän, Hessen, BRD). – Courier Forsch.-Inst. Senckenberg; Frankfurt a.M.

KELLER, TH. & SCHAAL, S. (1988): Schuppenechsen – Reptilien auf Erfolgskurs, 119–133. In: SCHAAL, S. & ZIEGLER, W. [Hrsg.]: Messel – Ein Schaufenster in die Geschichte der Erde und des Lebens. – Frankfurt a.M. (Verlag W. Kramer).

KOENIGSWALD, W. v. (1979): Ein Lemurenrest aus dem eozänen Ölschiefer der Grube Messel bei Darmstadt. – Paläont. Z., **53**: 63–76; Stuttgart.

KOENIGSWALD, W. v. (1980): Das Skelett eines Pantolestiden (Proteutheria, Mamm.) aus dem mittleren Eozän von Messel bei Darmstadt. – Paläont. Z., **54**: 267–287; Stuttgart.

KOENIGSWALD, W. v. (1983): Skelettfunde von *Kopidodon* (Condylarthra, Mammalia) aus dem mitteleozänen Ölschiefer von Messel bei Darmstadt. – N. Jb. Geol. Paläont. Abh., **167**: 1–39; Stuttgart.

KOENIGSWALD, W. v. (1987): Die Fauna der Messel-Formation, 71–142. In: HEIL, R., KOENIGSWALD, W. v., LIPPMANN, H. G., GRANER, D. & HEUNISCH, C.: Fossilien der Messel-Formation. – Darmstadt.

KOENIGSWALD, W. v. (1990): Die Paläobiologie der Apatemyiden (Insectivora s.l.) und die Ausdeutung der Skelettfunde von *Heterohyus nanus* aus dem Mitteleozän von Messel bei Darmstadt. – Palaeontographica, Pal. **A, 210**: 41–77; Stuttgart.

KOENIGSWALD, W. v., RICHTER, G. & STORCH, G. (1981): Nachweis von Hornschuppen bei *Eomanis waldi* STORCH 1978 aus der Grube Messel bei Darmstadt (Mammalia, Pholidota). – Senckenbergiana lethaea, **61**: 291–298; Frankfurt a.M.

KOENIGSWALD, W. v. & STORCH, G. (1983): *Pholidocercus hassiacus*, ein Amphilemuride aus dem Eozän der »Grube Messel« bei Darmstadt (Mammalia, Lipotyphla). – Senckenbergiana lethaea, **64**: 447–495; Frankfurt a.M.

KOENIGSWALD, W. v. & STORCH, G. (1987): *Leptictidium tobieni* n. sp., ein dritter Pseudorhyncocyonide (Proteutheria, Mammalia) aus dem Eozän von Messel. – Courier Forsch.-Inst. Senckenberg, **91**: 107–116; Frankfurt a.M.

KOENIGSWALD, W. v. STORCH, G. (1988): Messeler Beuteltiere – unauffällige Beutelratten, 155–158. In: SCHAAL, S. & ZIEGLER, W. [Hrsg.]: Messel – Ein Schaufenster in die Geschichte der Erde und des Lebens. – Frankfurt a.M. (Verlag W. Kramer).

LIEBIG, K. (im Druck): Fossil bacteria from the Eocene Messel Formation of southern Hesse, Germany. – Kaupia; Darmstadt.

LUTZ, H. (1986): Eine neue Unterfamilie der Formicidae (Insecta: Hymenoptera) aus dem mitteleozänen Ölschiefer der »Grube Messel« bei Darmstadt (Deutschland, S-Hessen). – Senckenbergiana lethaea, **67**: 177–218; Frankfurt a.M.

LUTZ, H. (1990): Systematische und palökologische Untersuchungen an Insekten aus dem Mittel-

Eozän der Grube Messel bei Darmstadt. – Courier Forsch.-Inst. Senckenberg, **124**: 1–165; Frankfurt a.M.

MAIER, W., RICHTER, G. & STORCH, G. (1986): *Leptictidium nasutun* – ein archaisches Säugetier aus Messel mit außergewöhnlichen biologischen Anpassungen. – Natur und Museum, **116**: 1–19; Frankfurt a.M.

MANCHESTER, S. R., COLLINSON, M. E. & GOTH, K. (1994): Fruits of the Juglandaceae from the Eocene of Messel, Germany, and implications for early Tertiary phytogeographic exchange between Europe and North America. – Int. J. Plant. Sci., **155**: 388–394; Chicago.

MATTHESS, G. (1966): Zur Geologie des Ölschiefervorkommens von Messel bei Darmstadt. – Abh. hess. L.-A. Bodenforsch., **51**: 1–87; Wiesbaden.

MAYR, G. (im Druck): »Coraciiforme« and »piciforme« Kleinvögel aus dem Mittel-Eozän der Grube Messel. – Courier Forsch.-Inst. Senckenberg; Frankfurt a.M.

MICKLICH, N. (1983): Ein Aal aus der »Grube Messel«: Gedanken und Probleme bei Aussagen zu Fossilfunden. – Natur und Museum, **113**: 211–221; Frankfurt a.M.

MICKLICH, N. (1985): Biologisch-paläontologische Untersuchungen zur Fischfauna der Messeler Ölschiefer (Mittel-Eozän, Lutetium). – Andrias, **4**: 3–171; Karlsruhe.

MICKLICH, N. (1987): Neue Beiträge zur Morphologie, Ökologie und Systematik Messeler Knochenfische. I. Die Gattung *Amphiperca* WEITZEL 1933 (Perciformes, Percoidei). – Courier Forsch.-Inst. Senckenberg, **91**: 35–106; Frankfurt a.M.

MICKLICH, N. (1988): Urtümliche Panzerträger und moderne Kannibalen, 71–92. In: SCHAAL, S. & ZIEGLER, W. [Hrsg.]: Messel – Ein Schaufenster in die Geschichte der Erde und des Lebens. – Frankfurt a.M. (Verlag W. Kramer).

MICKLICH, N. (1994): Die Fischfauna des Eckfelder »Maares« (Deutschland, SW-Eifel): Ein Ergänzungsbeitrag. – Mainz. naturwiss. Arch., Beihefte, **16**: 167–176; Mainz.

MICKLICH, N. (1996): Percoids (Teleostei, Perciformes) from the oilshale of the Messel Formation (Middle Eocene, Lower Geiseltalian): An ancient diversification? In: LOBÓN-CERVIÁ, J., ELVIRA, B. & GRANADO-LORENCIO, C. [Hrsg.]: Fishes and their environment. Proc. 8th Congr. Soc. Europ. Ichthyol. (SEI). Publ. Espec. Inst. Espan. Oceanogr., **21**: 113–127; Madrid.

MICKLICH, N., FINKBEINER, E. & KLAPPERT, G. (1995): »Holostei« der Messel-Formation. – Informationen aus dem Hessischen Landesmuseum Darmstadt **2/95**: 34–38; Darmstadt.

MOURER–CHAUVIRÉ, C. (1991): Les Horusornithidae nov. fam., Accipitriformes (Aves) à articulation intertarsienne hyperflexible de l'Éocene du Quercy. – Geobios, **13**: 183–192; Lyon.

MÜLLER, W. E. G., ZAHN, R. K. & MAIDHOIF, A. (1982): *Spongilla gutenbergiana* n. sp., ein Süswasserschwamm aus dem Mittel-Eozän von Messel. – Senckenbergiana lethaea, **63**: 465–472; Frankfurt a.M.

PETERS, D. S. (1994): *Messelastur gratulator* n. gen. n. spec., ein Greifvogel aus der Grube Messel (Aves: Accipitridae). – Courier Forsch.-Inst. Senckenberg, **170**: 3–9; Frankfurt a.M.

PETERS, D. S. (1995): *Idiornis tuberculata* n. spec., ein weiterer ungewöhnlicher Vogel aus der Grube Messel (Aves: Gruiformes: Cariamidae: Idiornithinae), 107–119. In: PETERS, D. S. (Ed.): Acta palaeornithologica. – Courier Forsch.-Inst. Senckenberg, **181**; Frankfurt a.M.

PETERS, D. S. (im Druck): *Selmes absurdipes* novum genus, nova species, a Sandcoleiform bird from the oil shale of Messel (Germany, Middle Eocene). – Smithsonian Contr. Paleobiol., **88**; Washington D.C.

PFRETZSCHNER, H.-U. (1993): Muscle reconstruction and aquatic locomotion in the Middle Eocene *Buxolestes piscator* from Messel near Darmstadt. – Kaupia, **3**: 75–87; Darmstadt.

RICHTER, G. (1987): Untersuchungen zur Ernährung eozäner Säuger aus der Fossilfundstätte Messel bei Darmstadt. – Courier Forsch.-Inst. Senckenberg, **91**: 1–33; Frankfurt a.M.

RICHTER, G. (1993): Proof of feeding specialism in Messel bats? – Kaupia, **3**: 107–112; Darmstadt.

RICHTER, G. & STORCH, G. (1980): Beiträge zur Ernährungsbiologie eozäner Fledermäuse aus der »Grube Messel«. – Natur und Museum, **110**: 353–367; Frankfurt a.M.

RICHTER, G. & WUTTKE, M. (1995): Der Messeler Süßwasser-Kieselschwamm *Spongilla gutenbergiana*, eine *Ephydatia*. – Natur und Museum, **125**: 134–135; Frankfurt a.M.

ROSSMANN, T. (1992): Vollständig erhaltene »Iguaniden«, cf. *Geiseltaliellus longicaudus* Kuhn, 1944 (»Reptilia«:Squamata) aus dem Mitteleozän der Grube Messel bei Darmstadt. – Unveröff. Diplomarbeit, FB Biologie, TH Darmstadt, 1–87; Darmstadt.

SCHAARSCHMIDT, F. (1988): Der Wald, fossile Pflanzen als Zeugen eines warmenKlimas, 27–52. In: SCHAAL, S. und ZIEGLER, W. [Hrsg.]: Messel – ein Schaufenster in die Geschichte der Erde und des Lebens. – Frankfurt a.M. (Verlag W. Kramer).

SCHAARSCHMIDT, F. & WILDE, V. (1986): Palmenblüten und Blätter aus dem Eozän von Messel. – Courier Forsch.-Inst. Senckenberg, **86**: 177–202; Frankfurt a.M.

SPRINGHORN, R. (1980): *Paroodectes feisti,* der erste Miacide (Carnivora, Mammalia) aus dem Mittel-Eozän von Messel. – Paläont. Z., **54**: 171–198; Stuttgart.

SPRINGHORN, R. (1982): Neue Raubtiere (Mammalia, Creodonta et Carnivora) aus dem Lutetium der Grube Messel (Deutschland). – Palaeontographica, Pal. A, **179**: 105–141; Stuttgart.

STORCH, G. (1978a): Ein Schuppentier aus der Grube Messel – zur Paläobiologie eines mitteleozänen Maniden. – Natur und Museum, **108**: 301–307; Frankfurt a.M.

STORCH, G. (1978b): *Eomanis waldi,* ein Schuppentier aus dem Mittel-Eozän der »Grube Messel« bei Darmstadt (Mammalia: Pholidota). – Senckenbergiana lethaea, **59**: 503–529; Frankfurt a.M.

STORCH, G. (1981): *Eurotamandua joresi,* ein Myrmecophagide aus dem Eozän der »Grube Messel« bei Darmstadt (Mammalia, Xenarthra). – Senckenbergiana lethaea, **61**: 247–289; Frankfurt a.M.

STORCH, G. (1986): Die Säuger von Messel: Wurzeln auf vielen Kontinenten. – Spektrum der Wissenschaft, **6/1986**: 48–65; Heidelberg.

STORCH, G. (1993a): »Grube Messel« and African-South American faunal connections, 76–86. In: GEORGE, W. & LAVOCAT, R. [Hrsg.]: The Africa-South America Connection. – Oxford (Clarendon Press).

STORCH, G. (1993b): Morphologie und Paläobiologie von *Macrocranion tenerum*, einem Erinaceomorphen aus dem Mittel-Eozän von Messel bei Darmstadt (Mammalia, Lipotyphla). – Senckenbergiana lethaea, **73**: 61–81; Frankfurt a.M.

STORCH, G. (1996): Paleobiology of Messel erinaceomorphs. – Palaeovertebrata, **25**: 215–224; Montpellier.

STORCH, G. & LISTER, A. (1985): *Leptictidium nasutum*, ein Pseudorhyncocyonide aus dem Eozän der »Grube Messel« bei Darmstadt (Mammalia, Proteutheria). – Senckenbergiana lethaea, **66**: 1–37; Frankfurt a.M.

STORCH, G. & RICHTER, G. (1994): Zur Paläobiologie Messeler Igel. – Natur und Museum, **124**: 81–90; Frankfurt a.M.

SULLIVAN, R. M., KELLER, T. & HABERSETZER, J. (im Druck): Middle Eocene (Geiseltalian) anguid lizards from Geiseltal and Messel, Germany. I. *Ophisaurus quadrupes* Kuhn, 1940. – Courier Forsch.-Inst. Senckenberg, Frankfurt a.M.

TOBIEN, H. (1954): Nagerreste aus dem Mitteleozän von Messel bei Darmstadt. – Notizbl. hess. L.-A. Bodenforsch., **82**: 13–20; Wiesbaden.

TOBIEN, H. (1980): Ein anthracotherioider Paarhufer (Artiodactyla, Mammalia) aus dem Eozän von Messel bei Darmstadt (Hessen). – Geol. Jb. Hessen, **108**: 11–22; Wiesbaden.

TOBIEN, H. (1985): Zur Osteologie von *Masillabune* (Mammalia, Artiodactyla, Haplobunodontidae) aus dem Mitteleozän der Fossilfundstätte Messel bei Darmstadt (S-Hessen, Bundesrepublik Deutschland). – Geol. Jb. Hessen, **113**: 5–58; Wiesbaden.

TRÖSTER, G. (1992): Fossile Insekten aus den mitteleozänen Tonsteinen der Grube Messel bei Darmstadt. – Mitt. internat. entomol. Ver., **17**: 191–208;
Frankfurt a.M.

TRÖSTER, G. (1993): Wasserkäfer und andere Raritäten
– Neue Coleoptera-Funde aus den mitteleozänen
Tonsteinen der Grube Messel bei Darmstadt. –
Kaupia, **2**: 145–154; Darmstadt.

WAGNER, TH., NEINHUIS, CH. & BARTHLOTT, W.
(1996): Wettability and contaminability of insect
wings as a function of their surface sculpture. –
Acta Zool., **77**: 213–225; Stockholm.

WEBER, J. & HOFMANN, U. (1982): Kernbohrungen in
der eozänen Fossillagerstätte Grube Messel bei
Darmstadt. – Geol. Abh. Hessen, **83**: 1–58; Wiesbaden.

WEITZEL, K. (1949): Neue Wirbeltiere (Rodentia, Insectivora, Testudinata) aus dem Mitteleozän von
Messel bei Darmstadt. – Abh. senckenberg. natur-
forsch. Ges., **480**: 1–42; Frankfurt a.M.

WESTPHAL, F. (1980): *Chelotriton robustus* n. sp., ein
Salamandride aus dem Eozän der Grube Messel bei
Darmstadt. – Senckenbergiana lethaea, **60**: 475–487;
Frankfurt a.M.

WILDE, V. (1989): Untersuchungen zur Sytematik der
Blattreste aus dem Mitteleozän der Grube Messel
bei Darmstadt (Hessen, Bundesrepublik Deutschland). – Courier Forsch.-Inst. Senckenberg, **155**:
1–213; Frankfurt a.M.

WILDE, V. & SCHAARSCHMIDT, F. (1993): Neue Mög-
lichkeiten zur Untersuchung von Pollenkörnern
in situ an Pflanzenresten aus dem »Ölschiefer« von
Messel. – LEICA Mitt. Wissensch. Technik, **10**:
209–214; Wetzlar.

WOOD, A. E. (1976): The paramyid rodent *Ailuravus*
from the middle and late Eocene of Europe and its
relationships. – Palaeovertebrata, **7**: 117–149; Montpellier.

WUTTKE, M. (1988): Untersuchungen zur Morphologie, Paläobiologie und Biostratinomie der mitteleozänen Anuren von Messel. Mit einem Beitrag
zur Aktuopaläontologie von Anuren und zur
Weichteildiagnese der Wirbeltiere von Messel. –
Unveröff. Dissertation, Univ. Mainz, 1–378; Mainz.

DIE AUTOREN

Dipl.- Biol. Sven Baszio, Jahrgang 1966, promoviert über die Taxonomie und Funktionsmorphologie Messeler Schlangen in der Abteilung Messelforschung am Forschungsinstitut Senckenberg. Seine Forschungsprojekte sind paläoökologisch ausgerichtet, wie das Nahrungsspektrum der Messeler Fledermäuse und Fische.

Dr. Jens Lorenz Franzen, Jahrgang 1937, ist Leiter der Abteilung Paläoanthropologie im Forschungsinstitut Senckenberg. Er lenkte als erster der Wissenschaftler die Aufmerksamkeit auf das ungeheure Potential der Fossillagerstätte Messel, begründete die Messel-Abteilung am Senckenbergmuseum und leitete dessen Grabungen von 1975 bis 1984. Neben Publikationen zur Fossillagerstätte bearbeitete er vor allem Huftiere und Halbaffen.

Dr. Eberhard Frey, Jahrgang 1953, ist Oberkonservator am Staatlichen Museum für Naturkunde Karlsruhe. Er promovierte in Tübingen über Anatomie und Fortbewegung von Krokodilen. Von 1989 bis 1990 arbeitete er am Hessischen Landesmuseum über Messelkrokodile. Außerdem war er an der Erforschung von fossilen Krokodilfraßresten und der Rekonstruktion der Fortbewegungsweise eines Messeler Insektenfressers beteiligt.

Dr. Kurt Goth, Jahrgang 1954, ist Referent am Sächsischen Landesamt für Umwelt und Geologie in Freiberg. Er hat sich in seiner Dissertation mit der Sedimentologie des Messeler Ölschiefers beschäftigt und ein Modell für das Ablagerungsmilieu im See erarbeitet.

Dr. Jörg Habersetzer, Jahrgang 1952, arbeitet am Forschungsinstitut Senckenberg in der Abteilung Messelforschung. Er ist Leiter der Arbeitsgruppen Radiologie, Paläobiologie und Digitale Bildverarbeitung. Seine Weiterentwicklungen von computergestützten Mikroröntgenverfahren kamen zunächst bei den Messeler Fledermäusen zum Einsatz, neuerdings auch bei der Untersuchung anderer Messeler Wirbeltiere.

Dr. Franz-Jürgen Harms, Jahrgang 1952, ist seit 1993 Leiter der zum Forschungsinstitut Senckenberg gehörenden "Forschungsstation Grube Messel". Er beschäftigt sich mit der regionalen Geologie und Strukturgeschichte der Grube, wie auch der anderen Ölschiefer-Vorkommen in der Umgebung von Messel. Mit zahlreichen Führungen durch die Grube trägt er zur Präsentation der Welterbestätte in der Öffentlichkeit bei.

Dr. Angelika Hesse, Jahrgang 1955, ist Leiterin der Sektion Geologie am Museum für Naturkunde und Vorgeschichte Dessau. In ihrer Dissertation und weiteren Publikationen hat sie die "Messelrallen" mit denen der Green River Formation Wyomings verglichen. Von 1983 bis 1985 leitete sie die wissenschaftlichen Grabungen des Brüsseler Naturhistorischen Museums in der Grube Messel.

Dipl. -Geol. Thomas Keller, Jahrgang 1947, arbeitet als Leiter des Dezernats Paläontologische Denkmalpflege im Landesamt für Denkmalpflege Hessen in Wiesbaden. Von 1987 bis 1990 koordinierte er alle wissenschaftlichen Grabungen in der Grube Messel. Er bearbeitet Lacertilier (Echsen) aus der Messeler Fauna.

Prof. Dr. Wighart v. Koenigswald, Jahrgang 1941, ist Inhaber des Lehrstuhls für Paläontologie an der Universität Bonn. Von 1977 bis 1987 hat er als Kustos am Hessischen Landesmuseum Darmstadt die Grabungen in Messel geleitet und zahlreiche Säugetiere aus Messel wissenschaftlich bearbeitet. Mit Ausstellungen und mit zahlreichen Vorträgen hat er Messel der Öffentlichkeit im In- und Ausland bekannt gemacht.

Dr. Karin Liebig, Jahrgang 1961, ist seit 1990 als Wissenschaftlerin im Rahmen der Messelforschung am Hessischen Landesmuseum Darmstadt tätig. Sie promovierte über die Mikroorganismen aus dem Ölschiefer von Messel und leitete dort die Grabungen.

Dr. Herbert Lutz, Jahrgang 1953, ist wissenschaftlicher Mitarbeiter am Naturhistorischen Museum Mainz/Landessammlung für Naturkunde Rheinland-Pfalz und leitet die Grabungen im Eckfelder Maar. Er war 1982-1984 für das Forschungsinstitut Senckenberg als Grabungsleiter in Messel tätig und hat 1988 über die fossilen Insekten aus Messel promoviert. Darüber hinaus bearbeitete er in Messel aquatische Arthropoden und Fragen zur Taphonomie von Kleinfossilien.

Priv.- Doz. Dr. Thomas Martin, Jahrgang 1960, ist Privatdozent am Institut für Paläontologie der Freien Universität Berlin. Er sammelte bereits als Schüler Fossilien in der Grube Messel und führte später die wissenschaftlichen Grabungen der Universität Tübingen durch. Zusammen mit G. Storch beschrieb er ein neues Schuppentier aus der Messelfauna.

Dr. Gerald Mayr, Jahrgang 1969, leitet seit 1997 die Sektion Ornithologie im Forschungsinstitut Senckenberg. Er promovierte über raken- und spechtähnliche Kleinvögel aus Messel.

Dr. Norbert Micklich, Jahrgang 1951, ist wissenschaftlicher Mitarbeiter am Hessischen Landesmuseum Darmstadt. Er ist dort für alle Aufgaben zuständig, die im Zusammenhang mit den Messelgrabungen und den Messel-Sammlungen stehen. Sein Hauptinteresse liegt bei den Fischen aus dem Tertiär. Er hat in mehreren Arbeiten die Messeler Ichthyofauna dargestellt.

Dr. Michael Morlo, Jahrgang 1964, ist wissenschaftlicher Mitarbeiter in der Abteilung Messelforschung am Forschungsinstitut Senckenberg. Er untersucht zur Zeit die Raubsäuger von Messel und anderen tertiären Fundstätten.

Prof. Dr. Dieter Stefan Peters, Jahrgang 1932, war bis zu seinem Ruhestand 1997 der stellvertretende Direktor des Forschungsinstitutes Senckenberg und Leiter der Abteilung Zoologie I (Wirbeltiere), wo er weiterhin als ehrenamtlicher Mitarbeiter tätig ist. Er wirkte ebenfalls als apl. Professor an der Universität Frankfurt a.M. Er bearbeitet u.a. die Vögel aus Messel und hat die Avifauna durch zahlreiche Veröffentlichungen und Vorträge weithin bekannt gemacht.

Prof. Dr. Siegfried Rietschel, Jahrgang 1935, ist Direktor des Staatlichen Museums für Naturkunde Karlsruhe und Honorarprofessor an der Universität Frankfurt am Main. Seit 1955 mit der Grube Messel vertraut, war er in den siebziger Jahren als Sektionsleiter für Paläobiologie am Forschungsinstitut einer der Initiatoren der Frankfurter Messelforschung. 1987 entwickelte er eine Theorie zur Entstehung der Fossillagerstätte Messel als Maarsee. Er war verantwortlich für die Grabungen des Karlsruher Museums in Messel.

Dr. Gotthard Richter, Jahrgang 1924, war bis 1989 Leiter der Abteilung Zoologie II (Wirbellose Tiere) am Forschungsinstitut Senckenberg und ist seitdem ehrenamtlicher Mitarbeiter. Seine Arbeitsgebiete sind die Nahrung und der Nahrungserwerb eozäner Wirbeltiere sowie der Lebensraum des Messelsees.

Doz. Dr. Zbyněk Roček, Jahrgang 1945, ist Mitarbeiter im Geologischen Institut der Tschechischen Akademie der Wissenschaften und Dozent auf dem Lehrstuhl der Zoologie der Karls-Universität Prag. Er hat über die Vergleichende Anatomie der Frösche promoviert und den Salamander aus Messel neu interpretiert.

Dr. Stephan Schaal, Jahrgang 1955, ist seit 1984 am Forschungsinstitut Senckenberg mit der Messel-Thematik befaßt und leitet die Abteilung Messelforschung. Sein Aufgabenbereich umfasst Arbeiten zur Geologie der Lagerstätte sowie paläobiologi-sche Untersuchungen zur Schlangenfauna. Neben der Konzeption und Betreuung von Messel-Dauer- und Sonderausstellungen wirkte er überregional an der Öffentlichkeitsarbeit für diese Fundstelle mit. Seine Abteilung ist zuständig für den Betrieb der Grube Messel.

Prof. Dr. Friedemann Schaarschmidt, Jahrgang 1934, leitete die Paläobotanische Sektion des Forschungsinstitutes Senckenberg bis 1996. Er hat seit Beginn an den Aktivitäten des Hauses in der Grube Messel als Paläobotaniker an vielen Grabungen teilgenommen. Im Zusammenhang mit seiner Forschung entwickelte er die Epi-Fluoreszenz zu einer Routinemethode zur Untersuchung der Pflanzenreste aus Messel.

Dr. Gerhard Storch, Jahrgang 1939, ist Leiter der Abteilung Zoologie I (Wirbeltiere) am Forschungsinstitut Senckenberg. Er hat in zahlreichen Arbeiten die Paläobiologie und Paläogeographie der Säugetiere von Messel und deren Systematik dargestellt.

Dr. Gert Tröster, Jahrgang 1954, ist Akademischer Oberrat am II. Zoologischen Institut der Universität Göttingen. Er bearbeitet seit 1990 fossile Insekten aus der Grube Messel.

Priv.- Doz. Dr. Volker Wilde, Jahrgang 1956, ist seit 1996 Leiter der Paläobotanischen Sektion des Forschungsinstitutes Senckenberg. Er hat 1987 mit einer Arbeit über die Blätterflora aus der Grube Messel promoviert. Im Rahmen seiner Untersuchungen an verschiedenen Alttertiär-Floren beschäftigt er sich weiterhin mit Pflanzenresten aus dem Mitteleozän der Grube Messel.

Dr. Michael Wuttke, Jahrgang 1950, ist Leiter der Erdgeschichtlichen Denkmalpflege am Landesamt für Denkmalpflege Rheinland-Pfalz in Mainz. In Messel leitete er zahlreiche Grabungen und er arbeitete über die Frösche, die Weichteilerhaltung der Messeler Wirbeltiere sowie über das Artenspektrum und die Verteilung der Süßwasserschwämme.

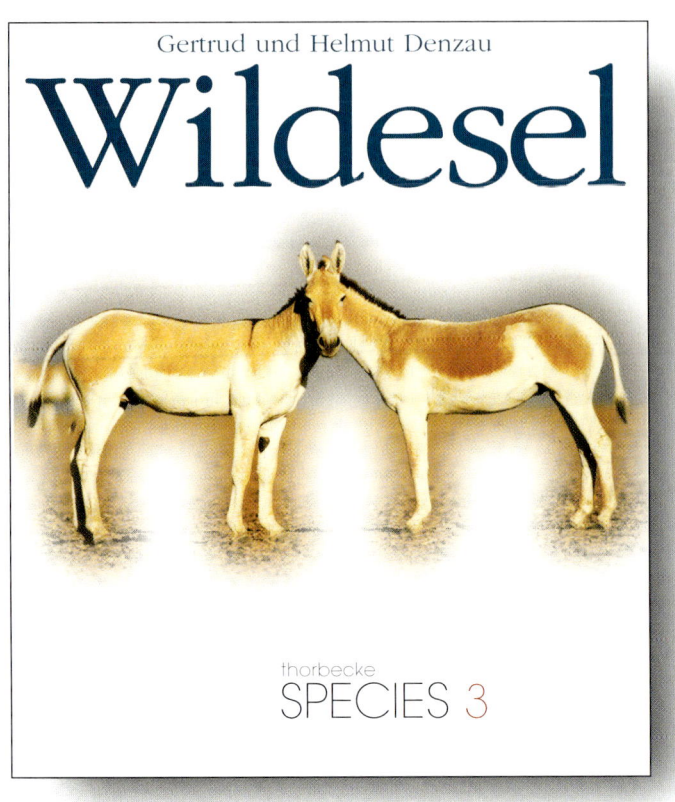

thorbecke SPECIES 1

Herausgegeben von Gerhard Bosinski

Mit einem Vorwort von Jean M. Auel und einem Verzeichnis der Fundstätten und Museen mit Mammutfunden
Aus dem Englischen übertragen von Peter Nittmann

172 Seiten • 200 Abbildungen, davon 170 in Farbe • Karten und Schautafeln • 22 x 28 cm gebunden • ISBN 3-7995-9050-1

Note eins für eine Mammutarbeit ... Hier wird klar, was sie mit ihren Funden und Auswertungen wie mit ihrer »Übersetzung« geleistet haben: eine Mammutarbeit.

Rheinischer Merkur

thorbecke SPECIES 3

208 Seiten • über 130 farbige Abbildungen, Karten und Tafeln • 24 x 28 cm gebunden • ISBN 3-7995-9081-1

Nachdem sich die schwer zugänglichen Regionen Innerasiens in jüngster Zeit mehr und mehr öffneten, nutzten die Autoren die Gelegenheit, sich auf die Spuren der letzten Wildesel zu setzen und sie in ihren Rückzugsgebieten in der Mongolei, Tibet, im Iran und Turkmenistan zu beobachten und zu photographieren. Sensationelles Bildmaterial und einzigartige Ergebnisse ihrer Verhaltensstudien haben sie uns aus den asiatischen Steppen mitgebracht.